THE 청주

THE 청주

초판 1쇄 발행 2025년 11월 26일

지은이 신희수
펴낸이 장길수
펴낸곳 지식과감성#
출판등록 제2012-000081호

교정 주경민
디자인 윤혜성, 강샛별
편집 윤혜성
검수 정은솔
마케팅 김윤길

주소 서울시 금천구 벚꽃로298 대륭포스트타워6차 1212호
전화 070-4651-3730~4
팩스 070-4325-7006
이메일 ksbookup@naver.com
홈페이지 www.knsbookup.com

ISBN 979-11-392-2946-2(03910)
값 19,000원

- 이 책의 판권은 지은이에게 있습니다.
- 이 책 내용의 전부 또는 일부를 재사용하려면 반드시 지은이의 서면 동의를 받아야 합니다.
- 잘못된 책은 구입하신 곳에서 바꾸어 드립니다.

지식과감성#
홈페이지 바로가기

충청권의 중심지이자 오랜 역사를 품은 도시
시간과 공간이 쌓아 올린 청주의 고유한 빛과 향에 대하여

THE 청주

신희수 지음

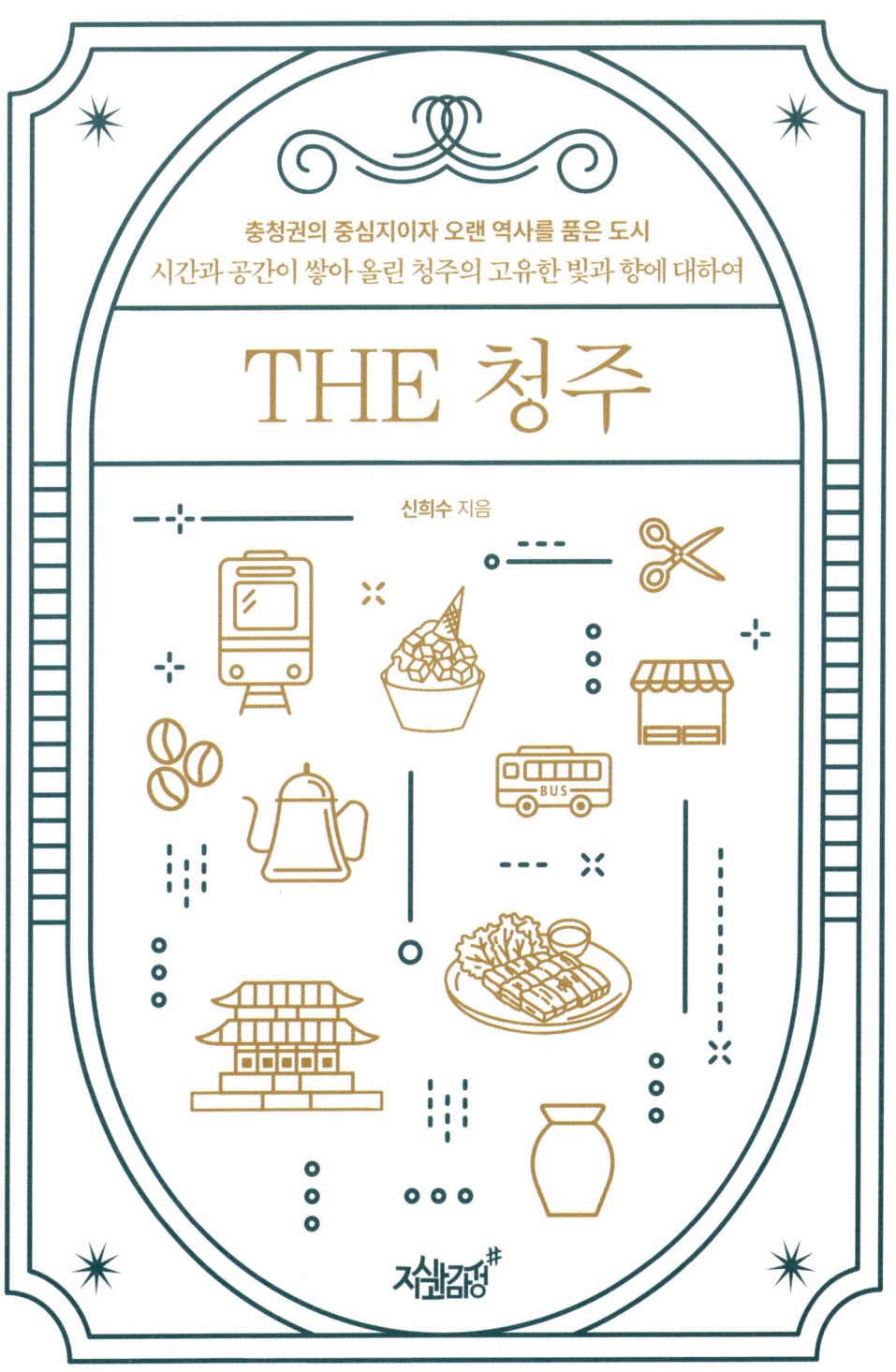

📍 머리말

처음 청주에 도착하던 순간의 정적을 나는 아직 기억한다. 버스 창밖으로 스쳐 가던 풍경은 이상할 만큼 고요했다. 사람들의 발걸음은 느리고, 건물들은 서로의 그림자를 침범하지 않았다. 번잡하지도, 비어 있지도 않은 거리에는 익숙한 간판들이 적당한 거리를 두고 늘어서 있었다. 화려한 색 대신 부드러운 회색빛이 도시를 감싸고 있었고, 그 안에서 나는 묘한 안정감을 느꼈다. 처음 마주한 도시였지만 낯설지 않았다. 그날 청주는 내게 '조용한 도시'로 남았다.

하지만 이후 청주에 정착해 살면서, 그 조용함이 단순한 인상이 아니라 도시의 본질이라는 것을 서서히 깨달았다. 알맞은 속도, 지나치지 않은 복잡함, 균형 잡힌 규모와 기능. 청주는 전반적으로 '적당한 도시'였다. 서울에서 태어나고 자란 나에게 청주의 이런 '균형감'은 '쾌적함'으로 느껴졌고, 점차 이 도시에 대한 애정도 생겨났다. 그런데 정작 청주 사람들에게 청주에 대해 어떻게 생각하느냐고 물으면 돌아오는 대답은 다소 의외였다. "갈 만한 데가 별로 없어.", "맛집이랄 게 딱히 없지." 심지어 '무색무취의 도시'라는 자조 섞인 표현도 심심치 않게 들려왔다.

충청권의 중심지이자 오랜 역사를 품은 도시가 정말로 '특징 없는 도시'일까? 그렇다면 그 이유는 무엇일까? 시간이 흐를수록 이 의문은 점점 더 깊어졌고, 공간을 이해하고 그 위에 나타나는 지리 현상을 연구하는 지리학자로서 이러한 의문은 그냥 지나칠 수 없었다. 도시를 단순히 스쳐 지나가는 장소가 아닌, 읽고 해석해야 할 텍스트로 바라보는 입장에서 청주라는 도시는 결코 무색무취할 수 없었다. 오히려 청주는 고유의 지형적 조건과 역사적 맥락 위에서 발전해 온, 분명한 구조와 특징을 가진 도시였다. 다만 그것이 너무 자연스럽게 일상에 녹아 있어 사람들이 쉽게 인식하지 못할 뿐이다. 내가 바라본 청주의 특징은 아이러니하게도 '특징 없음' 그 자체다. 이것이야말로 청주가 지닌 독특한 정체성이며, 다른 도시들과 차별화되는 매력이다.

나는 이 책을 통해 청주를 미화하거나 비판하려는 것이 아니다. 다만 "지리는 세상을 정확히 볼 수 있게 도와주는 안경이다."라는 나의 오랜 신념을 바탕으로 그 안경을 독자 여러분께 건네고 싶다. 사람들이 무심코 지나쳐 온 일상의 공간들, 특징이 없다고 여겨졌던 그 틈새들 속에서 내가 발견한 청주의 고유한 색과 향에 대해 이야기해 보려 한다.

제1장 〈대형 카페의 성지〉에서는 최근 몇 년 사이 청주 교외에 급속히 늘어난 대형 카페의 확산 흐름을 통해 도시의 공간 구조를 살핀다. 단순한 유행이 아니라 '도농복합시'라는 청주의 지리적 특성과

토지 이용의 불균형이 만들어낸 결과임을 보여준다. 넓은 부지와 완만한 구릉, 낮은 지가, 그리고 느슨한 도시의 흐름이 카페의 형태로 시각화된 풍경, 그곳에서는 청주라는 도시가 지닌 공간의 성격과 사람들의 생활 방식이 고스란히 드러난다.

제2장 〈무색무취의 도시〉에서는 청주를 구성하는 공간의 패턴과 밀도를 분석하며, '특징 없음'이 왜 이 도시의 정체성이 되었는지를 탐색한다. 도심을 중심으로 방사형으로 뻗은 도로, 고르게 분포한 상권, 과도하게 집중되지 않은 인구 구조 속에서 드러나는 '균형의 미학'을 지리학적 시선으로 해석한다.

제3장 〈지명에 새겨진 도시의 역사〉에서는 흥덕사, 서원경, 상당산성 등 지명에 담긴 역사적 흔적을 따라간다. '흥덕구', '서원구', '상당구', '청원구'라는 행정구역의 이름은 청주의 오랜 도시 역사가 오늘까지 그대로 이어져 있음을 보여준다. 지도 위의 이름들을 따라가다 보면, 청주는 고대의 군사 요새이자 고려의 행정 중심, 그리고 현대의 생활 도시로 이어져 온 긴 시간을 드러낸다.

제4장 〈길에서 본 청주〉에서는 가로수길과 순환로, 그리고 방사형 간선도로망을 따라 도시의 구조를 해부한다. 도시의 형태는 곧 사람의 생활 방식이다. 도시의 도로망과 상업 공간의 재편 과정을 통해 청주가 어떻게 '이동의 도시'에서 '머무는 도시'로 변해가는지를 읽는다. 길 위에서 도시의 구조를 살폈다면, 이제 그 구조 속에서 다시 태어나는 장소들을 바라본다.

제5장 〈도시재생과 역동적 변화〉에서는 연초제조창과 수암골, 내

덕칠거리와 육거리시장 등 도시재생의 현장을 통해 '멈춘 시간'을 다시 움직이게 하는 청주의 시도를 살펴본다. 산업유산이 문화공간으로, 낙후 지역이 생활공간으로 바뀌어가는 과정을 통해 도시의 생명력을 보여준다.

제6장 〈노잼도시의 역설〉에서는 '재미없다'는 편견으로 가려졌던 청주의 다양한 공간과 매력을 새롭게 조명한다. 도심의 오래된 골목에서 교외의 새로운 명소까지, 일상의 풍경 속에 숨어 있던 즐거움과 의미를 따라가며, 청주가 왜 조용하면서도 의외로 '볼 것 많은 도시'인지를 보여준다.

제7장 〈무심천〉에서는 청주의 중심을 가로지르는 물길을 따라 도시의 형성과 변화를 추적한다. 무심천은 단순한 하천이 아니라, 청주의 공간 질서와 생활의 방향을 결정지은 근원이다. 사계절의 색이 바뀌듯 강의 표정도 변하고 그 흐름 속에서 도시는 스스로의 생애를 기록해 왔다. 물길이 도시를 만들고 사람의 시간이 그 위를 흘러간다.

청주는 말없이 제 시간을 살아가는 도시다. 빠르게 달리지 않아도 제 길을 잃지 않고, 화려하지 않아도 스스로의 자리를 지킨다. 겉으로는 고요하지만 그 안에서는 시간이 천천히 쌓이며 도시의 표정을 만든다. 청주의 힘은 꾸준히 이어지는 그 지속성에 있다. 나는 이 책을 통해 그 조용한 생명을 기록하고 싶었다. 청주를 아는 사람에게는 익숙한 풍경이 새로이 다가오고, 청주를 모르는 사람에게는 보이지 않던 도시의 질서가 천천히 드러나길 바란다. 도시는 결국 인간의 시간이다. 더 빨리, 더 크게 나아가려는 세상 속에서도 청주는 자신만의 속도를 지켜낸다. 우리가 어떤 도시를 만들고, 어떤 삶을 살아가야 하는가. 그 대답은 거창한 어딘가가 아니라, 이 조용한 도시의 평범한 하루 속에 이미 담겨 있다.

2025년 가을 신희수

목차

머리말   4

제1장 대형 카페의 성지

청주를 물들인 커피 문화   14
왜 청주인가? 대형 카페의 입지 조건   31

제2장 무색무취의 도시

호서지방의 지리적 특성   40
삼겹살 거리: 지역성과 정체성의 모색   51
『택리지』 속 청주   57

제3장 지명에 새겨진 도시의 역사

흥덕사: 직지의 발간과 기록문화의 중심	66
서원경: 신라의 지방통치의 전략 거점	75
상당산성: 충청병영의 진수 산성	82
청주·청원: 4번에 걸쳐 이루어진 통합	87
동 이름의 유래	96

제4장 길에서 본 청주

가로수길, 도시 디자인의 축	104
외곽순환로에 담긴 도시 확장의 흔적	112
간선도로망과 공간의 연결성	121
내덕칠거리와 육거리시장	127

제5장 도시재생과 역동적 변화

연초제조창: 산업유산의 재탄생	136
수암골: 성공과 쇠퇴의 경계	144
핫플레이스와 젠트리피케이션	157

제6장 노잼도시의 역설

낡은 도심이 품은 도시의 시간	176
청주 8경: 숨겨진 아름다움	181
내륙도시 청주의 특성과 주민의 삶	196

제7장 무심천

도시의 시작은 작은 개천에서부터	206
무심천이 품고 있는 시민의 시간	214

참고 문헌	224
도판 출처	226

제1장

대형 카페의 성지

청주를 물들인
커피 문화

 어느새 청주는 커피 향으로 물든 도시가 되었다. 누군가는 그 향을 따라 산책을 하고, 누군가는 커피잔 너머의 풍경을 기억한다. 카페는 이제 단순히 커피를 마시는 공간을 넘어, 일상에서 벗어난 작은 여행지이자 도시 문화를 상징하는 풍경이 되었다. 그리고 청주는 그 새로운 도시 풍경의 중심에서 '대형 카페의 성지'라는 별명을 얻었다. 도시 곳곳에 스며든 카페들은 '일상 속의 비일상'을 제공한다. 잠깐의 여유를 찾는 사람, 책을 펼치거나 일을 정리하는 사람, 오랜만에 만난 친구와 대화를 나누는 사람. 모두가 각자의 이유로 카페를 찾는다. 2025년 4월 현재 전국에는 약 9만 8천 개의 카페가 운영되고 있으며 해마다 1만 개 이상이 새로 문을 열고 비슷한 수가 문을 닫는다. 수많은 카페가 생기고 사라지는 사이, 사람들에게 카페는 여전히 가장 가까운 휴식의 장소로 남아 있다. 커피 한 잔을 마시는 일은 이제 단순한 소비 행위가 아니다. 그것은 바쁜 일상 속에서 잠시 자신을 멈추게 하는 의식이자 도시의 시간을 천천히 들여다

보는 행위다. 그래서 카페는 늘 도시의 표정을 닮아 있다. 속도를 늦추고, 시선을 머물게 하고, 소음을 덜어내는 공간. 그곳에서 사람들은 커피 향과 풍경을 함께 마신다.

블루체어

최근 몇 년 사이 카페 문화는 한층 더 확장되었다. 좁은 골목의 소형 카페를 지나 이제는 넓은 잔디밭과 실내정원, 체험공간을 갖춘 '대형 카페'가 새로운 도시의 장면으로 떠올랐다. 커피 한 잔의 여유와 함께 걷고 머물며 즐길 수 있는 경험을 제공하는 공간들. 이곳에서는 음료뿐 아니라 건물의 구조, 빛의 각도, 계절의 향기까지 모두 '콘텐츠'가 된다. 이 변화는 청주의 풍경에도 깊이 스며들었다. 도심을 벗어나 외곽으로 향하는 길 위에서 시야를 가득 채우는 대형 카페의 건물들이 도시의 새로운 표정이 되었다. 주말이면 사람들은 가족이나 친구와 함께 이곳을 찾고, 잔디밭에 앉아 커피를 마시며 시간을 보낸다. 카페의 내부는 각자의 개성과 분위기로 채워져 있고, 외부는 하나의 정원처럼 열려 있다. 그곳에서는 도시의 경계가 잠시 풀리고 시간의 흐름이 느려진다.

청주의 대형 카페들은 규모와 인테리어의 화려함을 넘어 사람들의 '머무는 방식'을 바꾸어놓았다. 카페는 이제 단순히 커피를 마시는 공간이 아니라, 도시의 새로운 공공장소이자 풍경이 되었다. 커피 향이 스며든 이 공간 속에서 사람들은 도시를 다시 느끼고, 서로의 존재를 확인하며, 자신만의 속도로 하루를 살아간다. 주말마다 직접 발로 찾아다니며 정리한 대형 카페들의 기록을 바탕으로, 청주의 새로운 지도를 그려보았다. 그중에서도 특히 공간과 분위기, 이야기가 뚜렷한 몇 곳을 소개하며, 커피 향으로 물든 도시의 오늘을 함께 걸어보려 한다.

인문아카이브 양림 & 카페 후마니타스

인문아카이브 양림 & 카페 후마니타스

　청주의 조용한 외곽 마을, 주봉 저수지 근처에 위치한 이 카페는 도심의 소음에서 벗어나 자연과 사색을 즐기기 좋은 공간이다. 전통 한옥의 기와지붕 아래, 고요한 마당을 품은 건물은 오래된 서원의 품격을 닮아 있다. 건물 앞 연못에는 여름이면 연꽃이 피어나고, 뒤로는 부모산 자락이 병풍처럼 펼쳐진다. 마치 고찰을 방문한 듯한 정적인 분위기 속에서 카페는 풍경처럼 자연스럽게 어우러진다.

인문아카이브 양림 & 카페 후마니타스 중정

카페 내부에는 수천 권의 인문학 서적이 비치되어 있으며 중정에는 작은 연못이 놓여 있고, 문을 열고 나서면 연못을 바라보며 책을 읽을 수 있는 아늑한 독서 공간이 이어진다. 특히 이곳은 인문학 강좌와 독서 모임 등 다양한 아카데미 프로그램을 운영하고 있어, 단순한 소비 공간을 넘어 지역의 문화공간으로서 기능한다. '커피와 책, 건축과 풍경, 그리고 사유의 시간'이 공존하는 이곳은 대형 카페의 새로운 방향성을 제시하는 상징적인 공간이라 할 수 있다.

베이커리카페 공간

베이커리카페 공간은 조경 전문 업체가 직접 조성한 카페로, 카페 자체가 하나의 정원처럼 설계되어 있다. 청주 동남지구 개발의 영향으로 주거 인구가 급증하는 지역에 위치해 있으며, 도심과 가까우면서도 도심과 단절된 듯한 경계의 장소성 덕분에 방문객들에게 일상 탈출의 기분을 선사한다. 입구부터 시작되는 정원 조성은 유리온실 형태의 실내로 이어지며, 계절에 따라 다양한 식물들이 배치된다. 내부 테이블 사이에는 실제 나무가 자라고 있고, 곳곳에 작은 분수와 화초들이 놓여 있다. 커피 한 잔을 들고 앉으면, 식물과 빛이 어우러진 공간이 자연스럽게 마음을 편안하게 만든다. 카페 뒤편에는 나무 계단을 따라 작은 언덕 위로 올라가는 산책길이 조성되어 있다. 철쭉과 수국으로 꾸며진 이 길은 봄과 초여름이면 꽃으로 물들며, 사진 촬영을 위한 명소로도 유명하다. 단순한 정원 카페를 넘어 '식물과 사람이 함께 머무는 공간'이라는 철학이 녹아 있는 이곳은 도심 속에서 잠시 숨을 고를 수 있는 곳이다.

공간 수국정원

블루체어

블루체어

블루체어는 카페를 중심으로 다양한 기능이 결합된 복합 공간이다. 카페와 양고기 전문 식당, 사진관, 치과의원이 입주해 있다. 하지만 이 건물을 특별하게 만드는 것은 건물 앞에 펼쳐진 넓은 잔디밭과 시원하게 물줄기를 뿜어내는 대형 분수다. 분수를 바라보며 '물멍'을 즐기는 사람들의 모습이 인상적이며, 도시 한가운데서 자연을 느끼고 싶은 이들에게는 더없이 좋은 장소다. 번잡한 일상 속에서 이렇게 잠시 멈춰 설 수 있는 공간이 있다는 것만으로도 이곳은 특별하다. 더불어 커피와 함께 즐길 수 있는 브런치 메뉴의 수준도 높아서 젊은 층은 물론 중장년층의 발길도 꾸준하다.

블루체어 찬디밭에서 비눗방울 놀이를 하는 아기

잔디밭 한편에는 비눗방울 무인 판매대가 마련되어 있어 3,000원을 지불하면 비눗방울 장난감을 구입할 수 있다. 세련된 건물과 잘 다듬어진 수목, 인공폭포와 연못으로 둘러싸인 아늑한 잔디밭에서는 애기들이 비눗방울을 따라다니며 뛰노는 모습을 쉽게 볼 수 있다. 그 풍경은 도시 속에서도 여전히 남아 있는 소소한 평온함을 느끼게 한다.

트리브링

트리브링

트리브링은 청주 대형 카페의 스케일을 보여주는 대표적인 공간이다. 외형부터가 마치 대형 웨딩홀이나 리조트를 연상케 할 만큼 압도적이다. 건물 안으로 들어서면 실내를 가로지르는 인공 수로와 고급스러운 인테리어가 어우러진 실내 정원이 펼쳐진다. 카페라기보다는 하나의 복합 문화 시설에 가까운 이곳은 주말이면 셀 수 없을 정도의 많은 방문객들로 붐빈다.

트리브링 인공정원

각종 모임, 가족 단위 방문, 커플 데이트 장소 등 다양한 목적의 방문자들이 각자의 방식으로 공간을 즐긴다. 인생샷을 찍기 위해 포즈를 잡는 사람들, 브런치를 기다리며 풍경을 감상하는 사람들, 아이들과 함께 인공 수로 근처를 산책하는 가족들. 이 풍경은 단순히 카페를 즐기는 장면이 아니라, 도시의 일상이 새로운 방식으로 펼쳐지는 모습처럼 느껴진다.

에클로그

에클로그 목공 체험장

도심에서 벗어난 한적한 촌락 속에 위치한 에클로그는 자연 풍경과 감각적인 건축이 조화를 이루는 공간이다. 이곳은 건축상을 수상한 독특한 구조의 건물로, 잔디밭을 마주한 창을 통해 청주 외곽의 시골 풍경을 감상할 수 있다. 카페 안에는 갓 구운 빵의 향이 은은하게 퍼지고, 진열대에는 정성스럽게 구워낸 다양한 베이커리가 놓여 있다. 특히 플랫화이트나 핸드드립 커피와 함께 곁들이는 유기농 재료의 타르트나 치아바타 샌드위치는 방문객들에게 깊은 인상을 남긴다. 지하에는 목공 체험장이 마련되어 있어, 예약 시 가족 단위로 나무 장난감이나 도마 등을 직접 만들 수 있다. 커피를 마시고, 자연을 감상하고, 손으로 무언가를 만드는 경험까지 가능한 공간. 이곳은 단순한 대형 카페를 넘어, 머물며 쉬고 경험하는 공간으로 자리 잡았다.

그래시힐

그래시힐은 청주 외곽의 한적한 들녘에 자리한 테마 카페다. 이름처럼 잔디 언덕이 넓게 펼쳐져 있고, 그 위로 회색 건물과 통유리창이 어우러져 있다. 이곳은 단순히 커피를 마시는 공간이라기보다 가족 단위 방문객을 위한 작은 테마파크에 가깝다. 야외에는 양과 돼지, 토끼를 가까이서 볼 수 있는 작은 동물 체험장이 마련되어 있다. 아이들은 우리 사이를 오가며 동물을 구경하고, 부모들은 그 모습을 사진에 담느라 바쁘다. 실내는 따뜻한 톤의 조명과 아기자기한 인테리어로 꾸며져 있으며, 넓은 좌석 사이로 커피 향이 은은하게 퍼진다. 갓 구운 빵과 함께 파스타, 돈가스 등 식사 메뉴도 인기가 높다. 일반적인 카페 수준을 넘어선 음식의 퀄리티 덕분에 식사 시간대에는 대기 줄이 생기기도 한다.

그래시힐 물놀이 공간

　가장 특별한 공간은 옥상이다. 워터슬라이드와 미니 풀장은 여름철이면 아이들로 가득 차고, 트램펄린과 미니 자동차 트랙은 사계절 내내 웃음소리가 끊이지 않는다. 아이들이 한번 올라가면 좀처럼 내려오지 않으려는 이유를 단번에 알 수 있다. 물과 바람, 웃음이 얽힌 그 옥상은 그 자체로 하나의 풍경이 된다. 그래시힐은 마실거리, 먹거리, 즐길거리가 자연스럽게 어우러진 공간이다. 커피 한 잔의 여유와 가족의 웃음, 그리고 들판의 바람이 함께 있는 곳. 그래서 이곳을 다녀온 사람들은 단순히 '좋은 카페'가 아니라 '하루가 즐거웠던 장소'로 기억한다.

이안테라스

이안테라스 잔디밭

　이안테라스는 청주 외곽 율량동에 자리한 대형 복합 외식 문화공간이다. 도심의 소음을 조금 벗어난 자리, 넓은 대지 위에 세워진 건물은 세련되면서도 따뜻한 인상을 준다. 차량을 주차하고 위층으로 오르면 직사각형의 잔디 정원이 시야를 가득 채운다. 잔디를 중심으로 레스토랑과 카페가 둘러서 있어 마치 작은 유럽 광장에 들어선 듯한 분위기를 자아낸다. 레스토랑에서는 스테이크, 파스타, 리조토, 피자, 뇨키 등 다양한 양식 메뉴를 즐길 수 있다. 메뉴마다 재료의 맛이 잘 어우러져 어느 것을 선택해도 균형 잡힌 맛을 느낄 수 있다. 반대편에 자리한 카페는 소금빵으로 유명하다. 갓 구운 소금빵의 고소한 향이 잔디밭을 따라 번지고, 커피 한 잔과 함께 마시는 순간의 조합은 완벽에 가깝다.

이곳의 매력은 맛뿐 아니라 공간의 여유에 있다. 레스토랑과 카페 사이의 잔디밭은 계절마다 색을 달리하며, 따뜻한 계절이면 잔디밭을 둘러싼 테이블과 의자에 앉아 커피를 마시거나 담소를 나누는 사람들로 가득하다. 잘 정돈된 잔디와 건물이 만들어내는 조화로운 풍경 덕분에 주말이면 야외 결혼식이 열리기도 한다. 도심 속에서 벗어나지 않고도 이런 여유를 느낄 수 있다는 점이 이안테라스를 특별하게 만든다. 이곳에서는 식사와 휴식, 그리고 추억이 자연스럽게 이어진다. 사람들은 맛있는 음식을 나누고, 커피를 마시며 대화를 이어가며 저녁이 내려앉을 즈음 잔디 위의 불빛이 하나둘 켜지는 장면을 바라본다. 이안테라스는 그렇게 '머무는 시간의 아름다움'을 보여주는 청주의 또 다른 풍경이다.

포이드캐롯

포이드캐롯은 카페의 위치나 외형보다 '빵의 맛'으로 이름을 알린 베이커리 카페다. 청주의 가로수길에 자리한 이곳은 화려한 인테리어나 규모 대신 매일 구워내는 빵의 향기로 사람들을 끌어모은다. 문을 열고 들어서면 갓 구운 식빵 냄새가 공기를 가득 채우고, 진열대에는 다양한 종류의 베이커리가 정갈하게 놓여 있다.

홍국쌀식빵

   이곳의 시그니처 메뉴는 '홍국쌀식빵'이다. 홍국쌀과 타피오카를 재료로 만든 이 빵은 겉은 은은한 붉은빛을 띠고 속은 하얗고 쫀득한 식감을 지녔다. 고소한 향이 퍼지는 붉은 겉 부분을 베어 물면, 곧이어 부드럽고 찰진 속살이 이어져 나온다. 두 질감이 맞물리는 순간, 빵 한 조각이 단순한 간식이 아니라 완성도 높은 작품처럼 느껴진다. 이 독특한 조화 덕분에 '홍국쌀식빵'을 사기 위해 타 지역에서 일부러 찾아오는 손님도 많고, 1인당 최대 3개까지만 구입할 수 있는 제한이 있을 정도로 인기가 높다. 포이드캐롯은 이 한 가지 빵으로 전국적인 인지도를 얻게 되었고, 이후 지점을 열며 브랜드로 성장하고 있다. 그러나 여전히 가로수길에 위치한 본점은 특별하다. 플라타너스 가로수 아래로 커피 향과 갓 구운 빵 냄새가 어우러지고, 통유리창 너머로는 천천히 걸음을 옮기는 사람들이 보인다. 도심의 분주함 속에서도 이곳만은 따뜻한 냄새와 느린 시간으로 채워진다. 청주의 대형 카페들이 공간과 풍경으로 사람들을 끌어모은다면, 포이드캐롯은 '맛'으로 이름을 알린 곳이다. 커피와 빵이 하나의 풍경이 되고, 그 향이 청주의 거리를 물들이는 장소, 포이드캐롯은 그렇게 청주 가로수길의 또 다른 상징이 되었다.

이밖에도 청주에는 저마다의 개성과 이야기를 지닌 대형 카페들이 곳곳에 자리하고 있다. 이들은 단지 규모나 화려함으로 경쟁하는 공간이 아니라, 도시의 일상 속에서 휴식과 문화, 경험을 함께 나누는 새로운 생활의 무대가 된다. 커피 한 잔을 매개로 사람이 모이고, 풍경이 만들어지며, 청주의 또 다른 얼굴이 드러난다. 그래서 청주는 단순히 대형 카페가 많은 도시가 아니라, 커피 한 잔의 여유로 도시의 풍경을 완성하는 곳이다.

왜 청주인가?
대형 카페의 입지 조건

초대형 카페 트리브링에서 빵을 고르고 계산하기 위해 줄을 선 사람들 사이에 서서 문득 궁금해졌다. 이 사람들은 다 어디서 온 걸까? 언제부터 청주에 이렇게 거대한 대형 카페들이 생겨나기 시작한 걸까? 내가 아는 청주는 조용한 내륙의 행정도시였는데 어느새 도시 외곽마다 거대한 카페들이 줄지어 들어섰다. 익숙한 도시의 낯선 변화, 그 이유가 궁금했다. 단순한 유행이 아니라 청주라는 도시의 구조 속에 '대형 카페가 탄생할 만한 조건'이 숨어 있는지 직접 분석해 보기로 했다. 그래서 지리 교사의 습관대로 나는 공간 분석 도구 GIS(지리정보시스템)를 꺼내 들었다.

먼저 일반적인 규모의 카페들이 어떤 입지 조건을 고려하는지를 살펴보았다. 여러 카페 창업주들을 대상으로 설문을 진행한 결과 가장 중요하게 꼽힌 요소는 '유동 인구'였다. 시간대별·요일별 인구 흐름, 연령·성별·직업에 따른 소비 패턴, 도보 5분·10분 거리의 1차·2차 상권 분석, 경쟁 점포의 밀도, 보행자 도로 폭과 횡단보도 위치, 임대료 수준, 공실률 등 세부적 지표가 입지를 좌우했다. 최근에는 이런 요소를 GIS를 통해 가시화하고 공간 데이터 기반의 '정량적 입지 분석'이 창업의 성패를 가르는 기준이 되고 있다. 프랜차이즈 업체들이 입지 적합도를 지도 위에 색상으로 시각화해 상가 위치를 결정하는 이유도 여기에 있다.

그러나 대형 카페의 입지는 이와 전혀 다른 논리로 작동한다. 이들은 상권의 일부가 아니라 스스로 하나의 상권이 된다. 즉 '찾아오는 입지'다. 따라서 유동 인구보다는 대규모 부지 확보, 접근성, 풍경, 그리고 주차 편의성이 핵심 요건이 된다. 도심 속 빈 공터보다는 도시의 경계에 위치한 유휴부지가 가장 적합하다.

그래시힐

청주의 대형 카페 분포는 도시가 가진 공간적 구조에서 비롯된다. 청주는 2014년 청원군과 통합되어 도농복합시로 재편되었다. 행정적으로는 하나의 시이지만, 공간적으로는 시가지와 농촌이 동시에 존재한다. 시가지를 벗어나면 곧장 논과 밭, 완만한 구릉과 산이 이어지고, 토지의 평균 지가가 시가지보다 현저히 낮다. 이 '지가의 격차'가 바로 대형 카페가 청주 외곽에 집중되는 가장 큰 이유다. 토지비용이 낮기 때문에 대규모 부지를 확보하기가 용이하고, 농촌 경관은 자연스럽게 카페의 풍경 자원이 된다. 도심에서 차로 10분만 벗어나도 '자연 속의 카페'가 가능해지는 도시, 그게 바로 도농통합시 청주의 독특한 구조다.

이러한 전제를 토대로 GIS를 활용해 청주시의 대형 카페 입지 적합도를 분석해 보았다. 토지이용도, 지가, 도로 접근성, 경사도, 경관 가시권 등을 변수로 설정하여 공간 가중치를 적용한 결과 남이면, 남일면 일대가 대형 카페 입지에 가장 적합한 지역으로 도출되었다. 이들은 모두 도심에서 차량으로 15분 이내 거리에 있으며, 간선도로 접근성이 높고, 완만한 구릉지와 농경지 경관이 조화를 이루는 지역이었다. 실제 GIS 분석을 통해 대형 카페의 분포를 가상 모델링해 보면 명확한 공간적 경향이 드러난다. 청주시 중심에서 반경 10km 이내 지역 중, 평균 토지 가격이 m^2당 20만 원 이하이고, 간선도로로부터 500m 이내 접근이 가능한 토지가 밀집된 지역이 주로 남이면, 남일면 일대에 분포한다. 이 지역은 경관 가시권 분석에서도 주요 도로를 따라 완만한 구릉지와 논이 시야에 들어오는 비율이 80% 이상으로 나타나, 시각적 쾌적성이 높은 공간으로 분류된다. 실제로 트리브링, 그래시힐, 엔트라포레, 폴라그란데, 에클로그 같은 대표 대형 카페들은 모두 이런 입지 조건을 충족한다. 풍경, 접근성, 부지 면적이 서로 맞물려 '대형 카페 벨트'라 부를 만한 구간을 형성하고 있는 것이다.

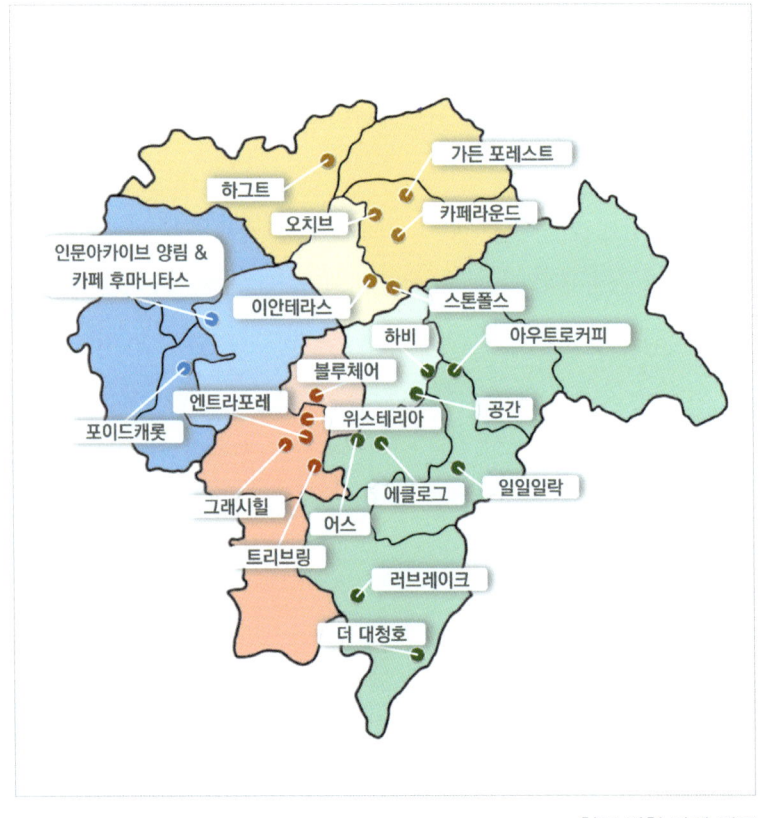

청주 대형 카페 지도

에클로그

　이처럼 청주는 지리적으로 대형 카페의 성장에 최적화된 도시다. 분지 지형 특유의 완만한 곡선, 외곽까지 촘촘히 뻗은 순환도로망, 시가지와 농촌이 연속된 구조, 그리고 30분 생활권 내에 위치한 중소도시형 인구 규모가 결합되어 있다. 여기에 상대적으로 낮은 토지 비용은 창업 리스크를 낮추고, 자연경관은 공간 브랜딩의 핵심 자원이 된다. 청주는 대전과 세종, 천안 사이의 '중간 허브'로서 인근 도시의 주말 인구를 흡수하는 구조를 지니며, 이러한 인구 흐름은 GIS상에서도 '생활권 확산 축'으로 명확히 나타난다. 결국 청주는 단순히 대형 카페가 들어서기 좋은 '입지'를 넘어서, 대형 카페라는 문화가 뿌리내리기 좋은 '환경'을 지닌 도시다. 차를 몰고 15분만 나가면 논과 밭 사이에 나타나는 초대형 건물, 그리고 그 주변을 감싸는 낮은 산과 구름, 잔디밭 위에서 비눗방울을 부는 아이들까지, 이 모든 장면이 '도시와 자연의 경계'라는 청주 특유의 공간감에서 비롯된다. 서울 근교의 교외형 카페들이 일상의 피로를 잊기 위한 일시적 탈출이라면, 청주의 대형 카페는 도심과 일상의 연속 위에서 여유를 재구성한 풍경이다.

그래시힐 동물 체험장

결국 '왜 청주인가?'라는 질문의 답은, 이 도시의 지리와 삶의 방식이 함께 만들어낸 결과에 있다. 청주는 대형 카페가 '들어설 수 있는 곳'이자 '머물고 싶은 곳'이다. 외곽이 변두리가 아니라 새로운 여가의 무대가 되고, 평범한 들녘이 도시인의 감성을 품은 무대가 된다. 이곳에서 커피 한 잔은 단순한 음료가 아니라 공간과 시간을 맛보는 경험이다. 대형 카페의 성지는 유행이 아니라 지리의 필연, 그리고 청주가 지닌 도시 구조의 산물이다. 청주는 그렇게 자신만의 속도로 도시의 풍경을 새롭게 만들어가고 있다.

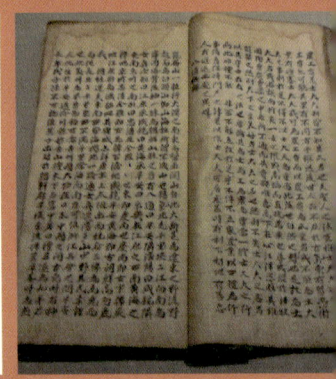

제2장

무색무취의 도시

호서지방의
지리적 특성

 산은 조용히 서 있을 뿐이지만 그 존재만으로 땅의 질서를 만든다. 능선은 바람의 길을 바꾸고 강은 그 바람이 지나간 자리에 물길을 낸다. 사람은 그 길을 따라 마을을 짓고 삶의 자리를 잡았다. 70퍼센트가 산지로 이루어진 한반도 땅에서 산줄기와 강의 흐름이 생활의 지도를 그렸다. 교통이 불편하고 통신이 닿지 않던 시절 산맥은 벽이 되었고 강은 통로이자 경계였다. 백두대간에서 갈라진 산줄기들이 물길을 나누면, 사람들은 그 물길을 따라 모여 살며 삶의 터전을 이루었다. 물이 모이고 흐르는 곳마다 생활권이 형성되었고, 이를 '수계'라 불렀다. 산이 분수계를 만들고 강이 수계를 이루었으며, 사람의 삶은 그 사이의 공간에서 이어졌다. 조선 후기 실학자 신경준은 이러한 질서를 『산경표』에 기록했다.
 그는 백두산에서 시작해 남으로 이어지는 큰 산맥을 하나의 대간으로 보고 거기서 갈라진 13개의 정맥을 정리했다.

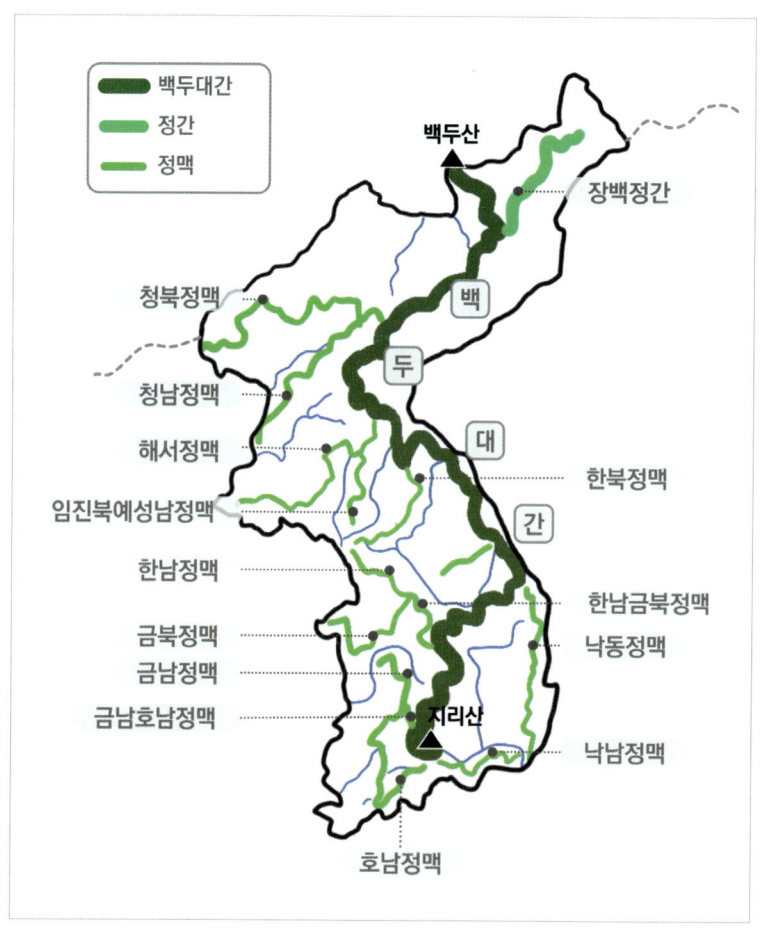

산경도

산맥이 물길을 나누고 물길이 사람의 길이 되는 구조를 지도 위에 옮긴 것이다. 그가 그린 선은 단순한 지리도가 아니라 사람들의 삶이 움직인 흔적이었다. 예로부터 우리 조상들은 지형을 기준으로 세상을 나누었다. 높은 산줄기와 넓은 강줄기가 경계를 만들고 그 경계가 곧 지역의 이름이 되었다. 산은 경계를 세웠고 강은 그 사이를 잇는 길이 되었다. 사람들은 그 자연의 질서 속에서 살아가며 지형이 만든 세계 안에 문화를 쌓았다.

　우리나라의 전통 지역명은 지형을 해석한 언어였다. 산맥의 고개는 '령(嶺)', 관문은 '관(關)', 호수는 '호(湖)', 바다는 '해(海)'라 불렀고 그 기준점에 방향을 붙여 지역의 이름을 만들었다. 소백산맥 남쪽은 영남(嶺南), 금강 남쪽은 호남(湖南), 제천 의림지의 서쪽은 호서(湖西), 대관령 동쪽은 영동(嶺東), 철령관 북쪽은 관북(關北), 그 서쪽은 관서(關西), 그리고 경기에서 서해를 건너 마주한 땅은 해서(海西)라 했다. 이름 하나하나가 지형의 해석이었다.

　관동, 관서, 관북이라는 이름은 고려 시대 북방의 관문이던 철령관에서 비롯되었다. 지금의 함경남도 안변 일대에 위치한 이 고개는 수도 개경에서 함흥평야를 거쳐 두만강 방면으로 이어지는 교통의 핵심이었다. 고려는 이 관문을 중심으로 세 방향을 나누었다. 철령관의 동쪽은 관동, 서쪽은 관서, 북쪽은 관북이라 불렀다. 이름 속의 '관(關)'은 성곽이 아니라 문(門)이었다. 그 문을 사이에 두고 낭림산맥이 능선을 그었고, 마천령산맥이 북쪽으로 뻗어 두만강 수계와 이어졌다. 사람들은 물줄기의 흐름을 따라 마을을 이루고, 산을 따라 오르내리며 교류했다. 그러니 관동, 관서, 관북의 구분은 경계를 긋기 위한 구획이 아니라, 산과 강이 열어둔 길의 흐름을 기록한 이름이었다.

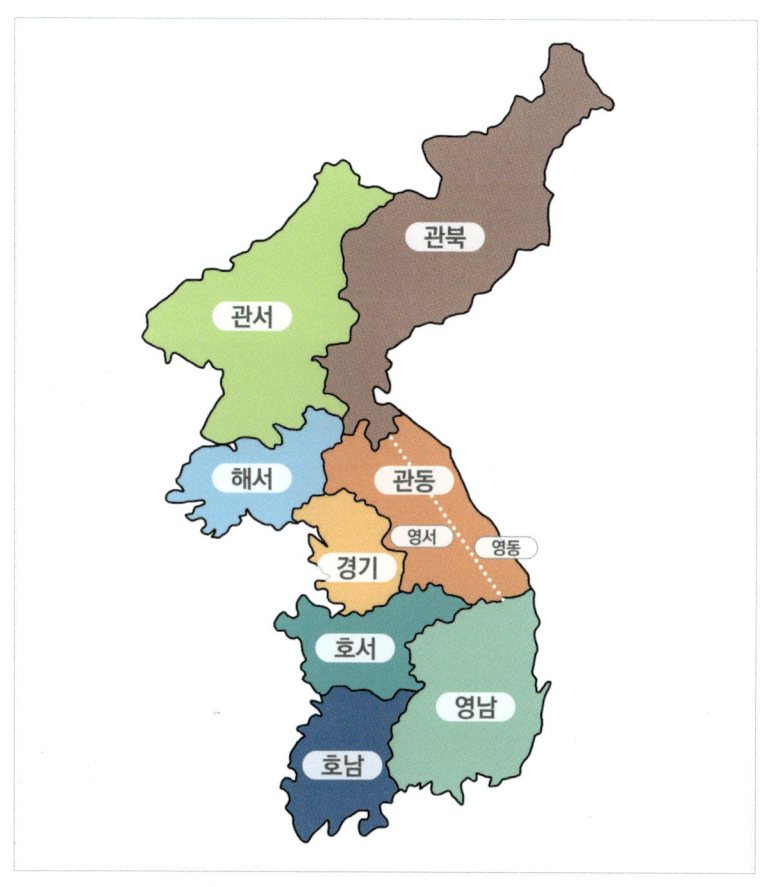

전통적인 지역 구분

　영동(嶺東)이라는 이름은 태백산맥의 웅장한 능선에서 나왔다. 백두대간의 척추가 동해를 향해 기울어지는 지점, 그 동쪽 사면이 영동이다. 중심에는 대관령이 있다. 이 고개를 넘어야 비로소 산의 그림자가 끝나고 바다의 냄새가 시작된다. 영동은 산과 바다가 맞닿는

좁은 공간이지만, 그만큼 뚜렷한 성격을 지녔다. 산맥에서 흘러내린 짧고 가파른 하천이 동해로 쏟아져 들어가며 작은 포구들을 만들었고, 거기서 다시 내륙으로 소금과 해산물이 들어왔다. 반면 산맥 서쪽의 영서 지역은 완만한 분지와 평야를 따라 농경과 시장이 발달했다. 같은 강원 땅이지만 하나의 산맥이 두 개의 삶을 만들었다.

금강하구 철새 도래지

호남(湖南)은 금강 수계의 남쪽, 오늘날의 전라도 지역을 가리킨다. '호(湖)'는 넓은 호수를 뜻하지만, 고려 후기 또는 조선 초기부터 금강을 호강(湖江)으로 부르기도 했다. 금강이 충청과 전라의 경계를 이루며 흐르고, 그 남쪽 평야가 호남이다. 호남은 산보다 강이 만든 땅이다. 동쪽의 소백산맥과 바다가 부드럽게 감싸며, 그 사이에 거대한 충적평야가 펼쳐진다. 만경평야, 나주평야, 영산강 하류의 늪과 간척지는 오랜 세월 사람들의 손으로 길들여진 농토가 되었다. 물길을 따라 포구가 생기고, 포구는 시장이 되었다. 이 지역의 문화가 넉넉하고 화려한 이유는 땅이 그만큼 너르고 바다와 가까웠기 때문이다.

경기(京畿)는 지형이 아니라 제도에서 비롯된 이름이다. '경(京)'은 수도, '기(畿)'는 그 주변이라는 뜻이다. 고려 현종 때 수도 개경을 중심으로 반경 약 500리 이내의 지역을 경기(京畿)라 부른 것이 시초다. 조선이 한양으로 천도하면서 경기의 중심도 한양으로 옮겨졌다. 행정구역의 명칭이지만, 사실상 한반도의 중심 생활권이기도 했다. 북쪽은 임진강, 남쪽은 남한강, 서쪽은 서해로 열려 있었고, 강과 평야가 교차하며 교통로가 발달했다. 정치의 중심이자 물류의 허브였던 이 땅은 '경기의 시대'라는 말이 나올 만큼 권력과 문물의 교차점이 되었다.

해서(海西)는 한양을 기준으로 서쪽 바다 건너편, 오늘날의 황해도 일대를 가리킨다. 고려 시대의 행정 구역인 서해도(西海道)에서 비롯된 이름으로, 조선 초에는 잠시 풍해도(豊海道)라 불리기도 했다. 이 지역은 평야와 갯벌이 넓고, 내륙의 산지가 완만하게 낮아지며 바다와 자연스럽게 이어진다. 예성강과 임진강, 옹진반도 일대의 작은 만들이 해상 교역의 중심이었고, 개성을 거점으로 한 내륙 교통로가 수도권과 이어졌다. 이 물길과 육로를 따라 물자와 사람들이 오가며 해서의 문화가 형성되었다. 그 문화는 육지의 질서보다 바다의 흐름에 더 가까웠다. 서해의 조수처럼 고요히 다가왔다 물러가는 리듬 속에서, 이곳 사람들의 삶은 쉼 없이 이어졌다.

제천 의림지

호서지방은 한반도의 중앙부, 오늘날의 충청도 일대를 가리킨다. '호(湖)'는 제천의 의림지를 뜻하며 그 서쪽이라는 의미에서 '호서'라 불렸다. 동쪽으로는 소백산맥이 솟고 서쪽으로는 금강이 서해로 흘러가며 자연스러운 경계를 이룬다. 그러나 이 지역의 가장 큰 특징은 높은 산이나 깊은 강이 적어 사방으로 길이 열린 구조라는 점이다. 북으로는 경기, 남으로는 호남, 동으로는 영남, 서쪽으로는 서해와 맞닿아 있어 예로부터 교류가 활발했다. 금강은 경계이면서 동시에 통로였다. 강 양안에는 장항과 군산이 마주 서 있었고, 배를 타고 건너면 시장과 문화가 뒤섞였다. 남쪽은 호남과 맞닿으면서도 경쟁보다 공존과 교류의 풍경이 뚜렷했다. 동쪽의 제천과 단양은 강원 영서지방으로 이어져 산줄기가 낮고 계곡이 넓어 사람과 말이 자연스럽게 섞였다. 남동쪽의 조령은 신라의 새재길, 조선의 영남대로, 그리고 오늘날의 경부 교통축으로 이어지는 국가적 관문이었다. 이 길목을 따라 발전한 대전은 경부고속도로와 호남고속도로가 갈라지는 도로 교통의 분기점이 되었고, 청주는 KTX 노선이 경부선과 호남선으로 나뉘는 철도의 관문으로 기능한다. 예로부터 길이 모이고 갈라지는 교통의 중심이라는 점에서, 두 도시는 호서지방의 공간 구조를 대표한다. 근대 이후 교통의 발달로 지역 간 물리적 거리가 짧아졌지만 호서지방의 열린 지형은 여전히 작동한다. 수도권 전철이 천안과 아산까지 닿고 청주는 서울과 부산을 잇는 허리이자 연결의 축으로 자리했다. 예전에는 금강 하류의 군산과 장항이 강을 사이에 두고 교류의 중심지로 번성했듯, 오늘날 서해안의 내포신도시는 그 전통을 이어받아 새로운 방식의 교류를 이어가고 있다. 행정의 경계가 바뀌어도 땅의 성격은 변하지 않는다. 완만하지만 단단한 중심, 그것이 호서지방의 본질이다.

 호서지방은 오늘날 충청남도와 충청북도로 나뉜다. 서로 인접해 있지만 두 지역은 닮은 듯 다르다. 충청남도는 서해에 닿은 개방의 땅이다. 평야가 넓고 산세가 낮아 예로부터 교류가 활발했다. 북쪽은 경기, 남쪽은 전라와 맞닿아 사방으로 길이 열려 있었다.

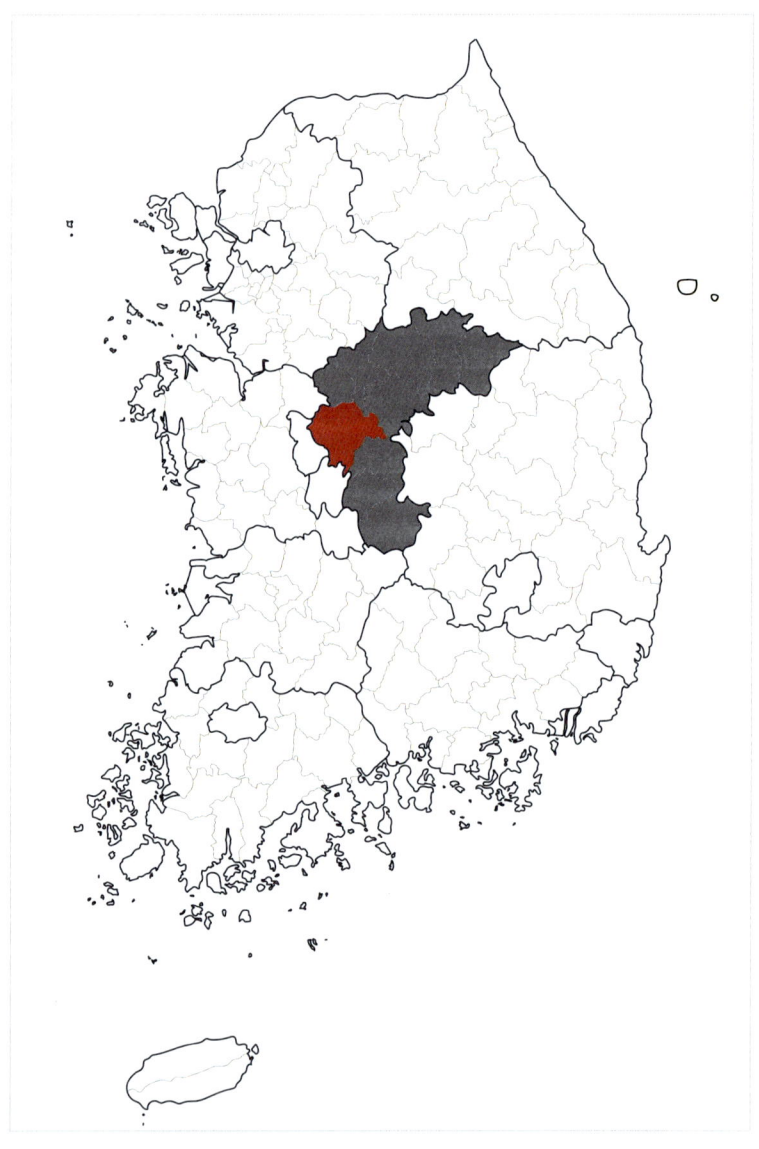

충청북도 지도

해안선을 따라 포구가 생기고 배는 중국 연안과 황해를 건너며 물자와 문화를 실어 날랐다. 내포 지역은 중국 문물이 가장 먼저 닿던 곳이었고 강경장은 조선 3대 시장으로 불릴 만큼 해산물과 곡물이 만나는 교류의 중심이었다. 금강의 물길이 서해로 흘러 나가

영남대로

듯 사람들의 시선도 늘 바깥을 향했다. 충남은 새로운 것을 받아들이고 변화를 주저하지 않는 개방의 성격을 지녔다. 반면 충청북도는 바다로 향한 길은 없지만 사방의 길이 한가운데로 모이는 내륙의 중심이다. 얇은 부메랑 모양으로 북쪽은 경기, 동쪽은 영서, 남쪽은 호남, 동남쪽은 영남지방과 닿아 있다. 영남대로와 조령길이 조령을 넘어 충북 괴산과 문경을 잇고, 한양으로 이어지며 교류가 이루어졌다. 그러나 충북의 땅은 바깥으로 퍼지기보다 안으로 모이는 성격이 강했다. 이러한 구조 속에서 충북은 내면의 균형을 지키는 지역으로 발전했다.

청주는 충북의 성격이 응축된 도시다. 국토의 중앙에 자리하며 사

방의 길이 만나는 교통의 요지이자 외부의 문화를 서서히 흡수해 자신의 질감으로 만들어온 공간이다. 급격히 변화를 좇기보다 시간을 따라 축적하는 도시, 그래서 화려하지 않지만 깊은 도시다. 청주는 내면의 안정으로 세상을 지탱하는 충북의 기질을 닮았고 그 완만한 지세 위에서 균형을 배웠다. 청주를 이해한다는 것은 단순히 한 도시를 아는 일이 아니라 호서지방 전체가 만들어온 공간적 사고방식, 열려 있으면서도 중심을 잃지 않는 태도를 읽어내는 일이다.

삼겹살 거리:
지역성과 정체성의 모색

 청주의 대표 음식은 삼겹살이다. 청주는 조선 영조 시절부터 제수용 돼지를 공물로 조정에 바쳤다는 기록이 『여지도서』에 남아 있다. 이 기록은 청주 돼지고기의 품질이 이미 그 시대에 인정받았음을 보여준다. 청주는 예로부터 축산업이 발달한 내륙 도시로, 넓은 평야와 완만한 구릉 지형 덕분에 돼지 사육에 적합한 환경을 갖추고 있었다. 이런 배경 속에서 돼지고기 중심의 식문화가 일찍부터 형성되었다.

 현대적 의미의 삼겹살 문화가 본격적으로 자리 잡은 시기는 1960년대 후반이다. 이 시기 도축 기술이 발달하고 냉장 유통이 가능해지면서 돼지고기의 소비가 급격히 늘었다. 당시에는 갈비와 목살이 인기가 많았고, 삼겹살은 지방이 많아 가격이 저렴한 부위였다. 그러나 저렴한 가격 덕분에 노동자와 서민의 술안주로 자주 소비되면서 자연스럽게 대중화되었다. 청주 서문시장은 그 변화의 중심지였

다. 서문시장 식당가에서는 연탄불에 석쇠를 올려놓고 삼겹살을 굽는 방식이 처음으로 퍼졌다. 고기를 소금만 뿌려 굽는 이 방식을 사람들은 일본어 표현을 빌려 '시오야끼(塩焼き)'라 불렀다. 당시에는 특별한 양념 없이 소금과 불맛만으로 고기를 즐겼는데, 이것이 바로 오늘날 '소금구이 삼겹살'의 원형이다. 1960~1970년대 서문시장을 기억하는 사람들은 연탄불 위에 고기를 굽고, 그 위로 퍼지는 냄새가 골목 전체를 덮던 풍경을 떠올린다.

시오야끼 1

시오야끼 2

　1970년대에 들어서면서 조리 방식이 한 단계 더 발전했다. 소금 대신 간장에 가볍게 재운 삼겹살을 무쇠판에 굽는 방식이 유행했다. 간장에 함유된 글루탐산과 삼겹살의 이노신산이 만나 감칠맛을 더했고, 이 간장구이가 곧 청주식 삼겹살의 특징이 되었다. 흥미롭게도 사람들은 여전히 이 간장구이도 '시오야끼'라 불렀는데, 이는 일본어식 표현이 남았지만 내용은 완전히 한국적으로 변형된 사례다. 청주 사람들의 실용적 감각이 반영된 언어적 혼용이었다.

　이 시기 청주에서는 삼겹살과 함께 즐길 수 있는 다양한 곁들임 음식이 발달했다. 그중에서도 파절이는 청주에서 처음 등장한 것으로 알려져 있다. 간장소스에 양념한 파절이는 삼겹살의 느끼함을 잡아주는 역할을 했고, 그 조합이 전국으로 퍼지며 삼겹살의 기본 구성으로 자리 잡았다. 오늘날 전국의 삼겹살 식당에서 흔히 볼 수 있는 '간장 파절이'의 원형이 청주에서 시작된 셈이다.

이후 삼겹살은 한국인의 대표적인 외식 메뉴로 자리 잡았다. 주로 집단으로 불판을 둘러앉아 직접 고기를 구워 먹는 '참여형 식문화'는 외식의 사회적 의미를 확장시켰다. 고기를 직접 구워 먹는 과정에서 자연스럽게 대화가 오가고, 가장 잘 굽는 사람이 중심이 되어 식사의 분위기를 이끌었다. 이러한 형식은 단순한 식사가 아니라 공동체적 유대의 표현이 되었고, 한국 특유의 '정(情) 문화'를 상징하는 장면으로 자리 잡았다.

21세기 들어 삼겹살은 한류와 함께 해외로 확산되었다. 'K-바비큐'라는 이름으로 알려지며 미국, 일본, 동남아시아 등지에 한국식 삼겹살 전문점이 빠르게 늘었다. 한국식 불판과 쌈 문화, 곁들임 반찬의 다양성은 세계인의 흥미를 끌었고, 현재는 글로벌 K-푸드의 대표 브랜드로 자리 잡았다.

청주시는 2011년 서문시장 일대를 정비해 '삼겹살 거리'를 공식 조성했다. 골목에는 삼겹살 조형물이 세워지고, 간판과 조명이 정비되었으며, 거리 곳곳에 청주의 삼겹살 유래를 설명하는 안내판이 설치되었다. 이후 2012년에는 '청주 삼겹살 거리 축제'가 열려 지역 대표 음식으로 자리매김했다. 전국 여러 도시가 '먹거리 거리'를 조성하고 있지만, 삼겹살을 주제로 한 공식 거리로는 청주가 유일하다.

문제는, 이렇게 독특한 기원을 지닌 삼겹살 문화가 전국으로 퍼지면서 정작 청주의 이름이 사라졌다는 점이다. 삼겹살이 너무 보편화된 나머지 '어디서나 있는 음식'이 되었고, 그 출발점이 청주였다는 사실을 기억하는 사람은 많지 않다. 청주는 삼겹살의 원조 도시이지만, 전국적 확산 속에서 지역적 정체성이 희미해졌다.

삼겹살 거리

 삼겹살의 확산이 보여주는 시사점은 분명하다. 청주는 '특징이 없는 도시'가 아니다. 오히려 자신이 만들어낸 문화를 전국의 표준으로 발전시킨 도시다. 청주에서 비롯된 삼겹살은 이제 전국 어디서나 볼 수 있으며, '한국식 바비큐'라는 이름으로 세계인의 식탁에 오르고 있다. 지역의 일상에서 출발한 음식이 국가적 상징으로 성장하는 과정에서, 청주의 이름은 자연스럽게 배경으로 물러났다. 이 때문에 청주는 종종 무색무취의 도시로 불린다. 그러나 이 표현은 결핍이 아니라 현상의 결과에 가깝다. 청주에서 비롯된 고유한 문화가 주변 지역으로 확산되면서, 오히려 청주만의 색이 옅어진 것처럼 보이게 된 것이다. 청주는 스스로의 문화를 잃은 도시가 아니라, 그것을 널리 퍼뜨려 보편적 문화로 만든 도시다. 결국 청주의 무색무취는 존재감의 부재가 아니라, 무색무취가 곧 청주의 정체성이라 할 수 있다.

『택리지』 속 청주

조선 후기의 지리학자 이중환은 세상을 새로운 시선으로 바라보았다. 그의 관심은 산의 높이보다 사람의 생활에 있었고, 기록의 대상은 궁궐이 아닌 마을이었다. 『택리지(擇里志)』는 사람이 살아가기에 좋은 터전을 찾기 위한 책이었다. 그 안에서 청주는 한 지방의 고을이 아니라, 사람이 머물기에 가장 적당한 땅, 살기 좋은 터의 전형으로 묘사된다.

『택리지』의 시선에서 청주는 충청도의 중심 곧 '호서지방의 중추'에 자리한다. 이중환은 "산수가 수려하고 인심이 순하며 사방의 교통이 편리하다(山水秀而人心淳 四達之衢)."라 적었다. 청주는 속리산에서 뻗은 산맥이 완만히 풀리며 형성한 분지 위에 자리 잡았다. 서쪽에는 미호천 평야가 넓게 펼쳐지고, 북쪽으로는 한강 유역으로 향하는 길이 이어진다. 이중환이 주목한 것은 '높음과 낮음의 균형'이었다. 그는 청주의 지세를 '산이 높지 않고 물이 급하지 않다'고 기록했다. 단순히 평탄하다는 의미가 아니라, 사람이 뿌리내리기 좋은 환경이라는 뜻이었다. 험한 산은 삶을 가파르게 만들고, 지나치게 평평한 땅은 방어와 자립이 어렵다. 그 둘 사이의 완만한 구릉, 바로 그 형태가 청주의 땅이다. 오늘날 위성지도로 보아도 그의 통찰은 정확하다. 청주는 미호천과 무심천이 만들어낸 완만한 충적지 위에 놓여 있고, 도심에서 조금만 벗어나면 낮은 산지와 구릉이 도시를 감싼다.

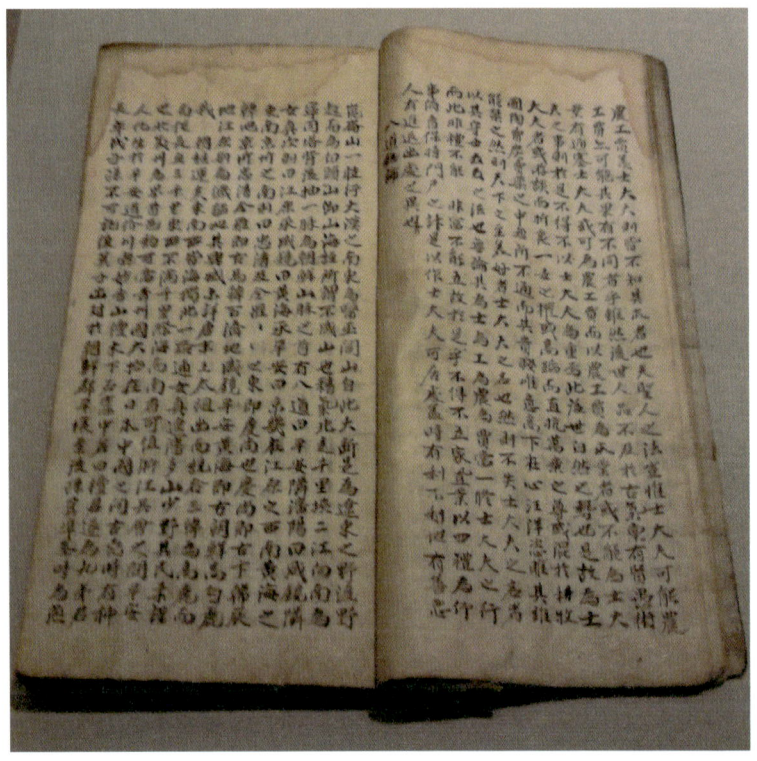

택리지

이 지형은 도시의 외연을 부드럽게 제한하며, 자연과 인공이 충돌하지 않는 전이 공간을 만든다. 조선 후기의 '살기 좋은 터'라는 개념은, 오늘날 도시계획에서 말하는 '지속 가능한 입지'와 놀랍도록 닮아 있다.

이중환은 청주 사람의 기질을 "온량하되 뜻이 곧다(溫良而志正)."라고 묘사했다. 풍요로운 평야가 마음을 느긋하게 만들었지만, 그는 그 안의 단단한 중심을 보았다. '용감하나 다투기 쉬운' 경상도, '유연하나 무거운' 전라도와 달리, 청주는 '중용의 도를 지키는 곳'이었다. 청주는 중앙과 지방의 경계에 있는 내륙 도시였다. 그 경계성은 곧 완충력이 되었고 지나친 격렬함보다 안정과 균형을 낳았다. 이중환이 말한 '사람이 편히 살 수 있는 곳'은 단지 자연의 기후가 아니라 사람 사이의 온도를 뜻했다. 오늘의 청주 역시 이 전통을 이어받고 있다. 정치나 문화에서 과시보다 균형을 중시하고, 급격한 변화보다 안정된 일상을 중하게 여긴다. 택리지의 '인심론'은 지금도 청주 사람들의 기질 속에서 조용히 숨 쉬는 오래된 유전자다.

이중환은 청주를 "문인이 많고 풍속이 유순하다(文人多 風俗柔)."라고 평가했다. 이는 조선 후기 지방 도시 가운데에서도 드문 찬사였다. 청주는 고려 시절부터 행정 중심지로 발전했고, 조선에 들어서면서 향교와 서원, 사족 가문이 모인 교육 도시로 자리 잡았다. 청주향교와 명암서원, 신항서원, 연제서원, 문의향교와 같은 공간은 단순한 교육 기관이 아니라 지역 문화의 심장부였다. 그는 이러한 학문적 기반과 예의의 전통을 '도시를 지탱하는 질서'로 보았다. 이중환이 말한 '예의'는 도덕의 문제가 아니라, 공동체가 스스로를 유지하는 사회적 힘이었다. 안정된 땅 위에 흐르는 유순한 인심, 그리고 그 위에 세워진 학문과 예의. 그 조합이야말로 조선 후기의 이상적 도시 모델이었다.

청주 문의향교

택리지는 단순한 지리지라기보다 인간의 삶을 공간 속에서 읽은 사회생태학적 기록이다. 『복거총론』에서 이중환은 좋은 터전의 조건을 지리(地理), 생리(生理), 인심(人心), 산수(山水) 네 가지로 정리했다. 지리는 지세와 방위, 바람과 물의 흐름 같은 기반 안정성을 뜻하고, 생리는 토지의 비옥도와 교역, 교통 등 생업의 편의를 가리킨다. 인심은 풍속의 질과 공동체 신뢰를, 산수는 경관과 환경 위생, 재해

위험을 포함한 생활의 쾌적성을 말한다. 청주는 이 네 항목을 두루 충족하는 곳으로 서술되며, 그는 이를 '복지(福地)'라 불렀다. 오늘날의 언어로 옮기면 균형 잡힌 도시 생태계에 가깝다. 청주는 그 구조를 300년 넘게 이어 왔고, 산업화와 도시재생의 변화를 거치면서도 '과하지 않음'을 도시의 기질로 지켜왔다.

청주 신항서원

 이중환의 청주는 풍수의 언어로 쓰였지만 그 내용은 근대 도시계획의 원리와 다르지 않다. 『택리지』의 "산은 머리요, 물은 혈맥이다."라는 문장은 오늘날의 녹지축과 수변축 개념과 닮아 있다. 청주의 경우 무심천이 도심을 가로지르며 수변 공간을 만들고, 그 주변에 공공시설과 문화공간이 들어섰다. 조선 후기의 풍수적 '혈(穴)'이 현대 도시에서 '중심 기능축'으로 재해석된 셈이다. 무심천변의 완만한 경사는 18세기엔 농토였고, 지금은 시민의 산책로가 되었다. 상당산성의 방어선은 관광경관의 조망축으로 바뀌었다. 도시의 형태는 달라졌지만, 공간을 구성하는 원리는 여전히 같았다. 이중환의 청주는 더 이상 과거의 기록이 아니라, 도시가 스스로의 공간을 새롭게 조율해 가는 방식을 설명하는 오래된 모델이다.

이중환이 살던 시대의 지도에는 청주를 중심으로 여러 내륙 교통로가 엮여 있었다. 한양에서 충주를 거쳐 영남으로 향하는 중로가 가까이 지나갔고, 청주에서는 공주, 진천, 괴산으로 이어지는 길이 사방으로 뻗었다. 『택리지』가 청주를 '사방이 통하는 길목'이라 부른 이유는 주요 간선로가 교차했기 때문이 아니라, 사방으로 통하는 생활로가 집중된 내륙의 중심지였기 때문이다. 세기가 바뀐 뒤 경부고속도로와 중부고속도로, 오송역, 청주국제공항이 들어서며 그 평가는 현실이 되었다. 과거의 풍수가 도시의 가능성을 예견했다면, 근대의 토목은 그 예언을 구현했다. 청주의 현재는 『택리지』의 문장을 하나씩 현실로 옮겨놓은 결과에 가깝다.

제3장

지명에 새겨진 도시의 역사

흥덕사:
직지의 발간과 기록문화의 중심

청주 흥덕사지

 흥덕구라는 이름은 한 사찰에서 비롯되었다. 지금은 터만 남은 흥덕사(興德寺). 고려 후기 이 사찰은 단순한 불교 수행의 공간이 아니라, 인쇄와 학문, 그리고 지역 사회의 기술 기반이 모여 있던 종합적 중심지였다. 그 이름은 세월을 건너 도시의 행정구역 명칭으로 남았고, 거리 표지판과 학교 이름, 기업의 간판, 시민의 일상 언어 속으로 스며들었다. 절은 사라졌지만 이름은 사라지지 않았다. 그 이름이 새겨진 유물과 기록, 그리고 그 기록을 보존하고 되살리려는 제도와 사람들의 실천이 지금도 청주의 시간 속에서 작동하고 있다.

고려 우왕 3년(1377년), 청주 흥덕사에서 간행된 『불조직지심체요절(佛祖直指心體要節)』은 현존하는 세계 최고(最古)의 금속활자본이다. 이 책의 간기(刊記)에는 '청주목 외 흥덕사에서 간행함'이라고 명시되어 있어, 인쇄의 장소와 시기를 명확히 확인할 수 있다. 이 문헌은 선종의 교리를 요약해 엮은 불교 어록집이지만, 인쇄사적으로는 인류의 지식 생산 체계가 구조적으로 전환된 사건이었다. 활자를 만들고, 배열하여 찍어내고, 묶어 책의 형태로 완성하고, 이를 다시 유통시키는 전 과정이 한 도시 안에서 이루어졌다는 점은 의미심장하다. 이는 청주가 단순한 지방 사찰의 터전이 아니라, 장인과 학자, 행정과 종교가 협력한 '지식 기술의 복합체'였음을 보여준다.

직지는 오늘날 하권 한 책만 전해진다. 이 한 권의 책이 전해지기까지의 경로는 한국 인쇄문화사에서 국제 문화유산 논의로 이어지는 긴 여정을 품고 있다. 19세기 말, 조선 주재 프랑스 외교관 콜랭 드 플랑시가 직지를 수집해 유럽으로 반출했고, 1911년 파리 드루오 경매에서 프랑스 보석상 앙리 베베르가 구입했다. 그는 생전에 직지를 소중히 보관하다가 사후 유언에 따라 1950년 프랑스국립도서관에 기증했다. 약탈이나 전리품이 아니라 개인의 수집과 유증으

고인쇄박물관

로 이어진 경로였기 때문에, 소장권 문제는 단순한 반환의 문제가 아니라 문화재의 국제적 소유와 공유, 그리고 접근권의 문제로 확장되었다. 한국은 원본 회수를 목표로 하기보다, 복제본 전시와 디지털 기록, 학술 교류를 통해 직지의 의미를 세계적으로 확산하는 쪽을 선택했다. 이 과정에서 직지는 '기록의 역사'에서 '공존의 가치'로 재해석되었다.

청주 흥덕사지 청동북

 흥덕사의 실체는 오랜 세월 문헌 속에만 남아 있었다. 그러던 중 1985년, 운천지구 택지 개발 과정에서 '서원부 흥덕사'라는 명문이 새겨진 청동북과 금속 유물, 기와 조각이 발견되었다. 발굴 결과는 결정적이었다. 사찰의 위치가 확정되자 청주시는 개발 공사를 즉시 중단하고, 문화재 조사를 우선하도록 결정했다. 도시는 계획을 멈추고 과거를 복원하는 길을 택한 셈이었다. 이후 흥덕사지는 문화재 보호구역으로 지정되었고, 도시계획은 '보존을 전제로 한 개발'로 방향을 바꾸었다. 그 결과 절터 인근에 1992년 청주고인쇄박물관이 개관하였다. 박물관은 출토된 유물과 문헌을 체계적으로 보존하는 동시에, 금속활자 복원 실험, 인쇄기술 연구, 청소년 교육, 국내외 전시 등 복합 기능을 수행하는 기관으로 자리 잡았다.

  박물관의 개관은 도시의 흐름을 바꾸었다. 흥덕사지 일대는 단순한 유적지가 아니라, '기술과 기록의 현장'으로 인식되었다. 이후 청주시는 금속활자 복원사업, 국제 학술대회 개최, 상설 체험관 운영, 도시 브랜딩 프로젝트를 이어가며 직지를 지역의 핵심 문화자산으로 성장시켰다. 활자 주조 및 조판 체험 프로그램, 학교 연계 교육과정, 시민 대상 인쇄문화 강좌가 정착되면서, 청주는 '직지의 도시'라는 별칭으로 불리게 되었다.

고인쇄박물관 내부 1

고인쇄박물관 내부 2

청주의 생활공간에서도 직지는 하나의 일상 언어가 되었다. 흥덕구를 가로지르는 직지대로와 청주고인쇄박물관을 중심으로 열리는 직지축제, 그리고 지역 상인들이 만든 직지빵과 직지커피까지, '직지'라는 이름은 도시 곳곳에서 청주의 정체성을 상징하는 표식으로 자리 잡았다. 특히 청주시는 직지의 상징성을 단순한 관광 마케팅으로 소모하지 않기 위해 교육, 문화, 산업을 연계한 지속 가능한 모델을 구축했다. 학교 현장에서는 학생들이 박물관을 방문해 금속활자 인쇄를 체험하고, 교사 연수 프로그램에서는 기록문화의 현대적 활용을 주제로 강의가 진행된다. 또한 지역 기업과 협력해 직지 관련 디자인 상품을 개발하고, 시민 참여형 인쇄 워크숍을 정례화하는 등 청주는 과거의 유산을 현재의 산업과 교육 자원으로 전환해 왔다.

2001년 유네스코가 직지를 세계기록유산으로 등재하면서, 청주는 '기록의 도시'라는 정체성을 공식화했다. 이후 제정된 '유네스코 직지 기록유산상'은 기록 보존과 접근성 향상에 기여한 기관과 개인을 매년 시상하고 있다. 이 상의 재원과 운영을 청주시가 맡고 있다는 점은 한 도시가 자국의 문화유산을 넘어 세계적 기록문화를 촉진하는 주체로 나선 사례로 평가된다. 21세기의 직지는 더 이상 한 권의 고서가 아니라 디지털 보존과 기록 민주화를 이끄는 상징이 되었다.

흥덕사에서 흥덕구로 이어진 이름의 흐름은 과거 한 사찰의 명칭이 행정구역, 도로, 박물관, 축제, 그리고 시민의 일상까지 확장된 과정을 보여준다. 한 권의 책에서 시작된 기록의 유산이 도시의 브랜드와 교육, 산업, 국제 교류로 이어지는 구조로 발전한 것이다. 직지는 기술의 유물이 아니라 기록을 생산하고 보존하며 다시 활용하는 힘이 도시를 유지하게 만드는 원리임을 증명한다. 기록이 지탱한 도시는 사라지지 않는다. 청주의 역사는 그것을 보여주는 가장 확실한 사례다.

서원경:
신라의 지방통치의 전략 거점

'서원경(西原京)'이라는 이름은 오늘날 청주시 서원구의 지명 속에 여전히 살아 있다. 단순히 옛 지명을 되살린 행정구역의 명칭이 아니라, 한 도시가 천삼백여 년 동안 쌓아온 '행정 중심의 기억'을 품은 상징이라 할 수 있다. 신라가 전국을 통합하고 지방 지배 체계를 정비하던 시기에, 청주 일대는 중앙과 지방을 잇는 전략 거점으로 주목받았다. '서원경'은 그 과정에서 탄생한 도시였다. '서쪽의 수도'라는 뜻의 서원경은 경주를 중심으로 한 신라의 중앙 통치가 한강 유역과 충청 내륙으로 확장되던 시기에 만들어진, 국가적 전략 거점이었다.

삼국 통일 이후 신라는 지방 통치 강화를 위해 5소경(五小京)을 설치했는데, 서원경은 그중 하나로 지정되었다. 이는 오늘날로 치면 '행정 수도의 분산 정책'과도 같은 개념이었다. 신라의 왕도인 경주로부터 멀리 떨어진 내륙 지역에 지방 수도를 두어 행정과 군사 기능을 분산시키고, 지역의 경제적 자립을 촉진하려는 목적이었다. 서원경에는 중앙에서 파견된 관리와 군사 조직이 주둔했고, 도로망의 중심에서 남쪽의 상주, 북쪽의 충주, 서쪽의 공주, 동쪽의 문경을 잇는 내륙 교통의 결절점 역할을 수행했다. 이는 서원경이 단순한 지방도시가 아니라, 내륙 교통과 행정의 허브로 계획된 '정책적 도시'였음을 의미한다.

신봉동 고분군 1호석실 발굴 모습

서원경의 중심부에는 관청과 사찰이 들어서 있었고, 이를 둘러싼 방어체계로 상당산성이 활용되었다. 상당산성은 해발 490m의 산지를 따라 둘러쳐진 산성으로, 내륙 교통로를 감시하고 외적의 침입을 방어하기 위한 전략 요새였다. 성 내부에는 창고와 병영, 관청 건물의 흔적이 남아 있어 서원경이 군사적 기능을 중시한 도시였음을 보여준다. 또한 성의 북쪽 기슭에는 신봉동 고분군이 분포한다. 이곳에서 확인된 고분과 유물들은 서원경이 단순한 행정 거점을 넘어 문화적·경제적 위상을 지닌 도시였음을 입증한다. 이러한 유적들은 서원경이 신라의 지방 통치망 속에서도 상당한 위치를 차지하고 있었다는 구체적 증거이기도 하다.

고려시대에 들어서면서 서원경은 '청주목(清州牧)'으로 재편된다. 고려 태조 왕건은 후삼국 통일 이후 지방 통치를 강화하기 위해 전국 12곳에 '목(牧)'을 설치했는데, 청주는 그 중

신봉동 고분군 출토 소호

심 중 하나였다. '목'은 오늘날의 광역행정단위에 해당하며, 중앙에서 파견된 목사가 지역의 행정을 총괄했다. 청주목은 한강 남부 내륙과 충청 지역의 중간 지점으로 군사, 교통, 경제의 중심지였다. 당시 청주에는 각지에서 모여든 상인들이 무심천 주변에 장시(場市)를 열었고, 농산물과 수공업품이 활발히 거래되었다. 청주의 평야지대는 농업 생산력이 높았고, 인근 산간 지역에서는 철기와 도자기, 목재 등이 공급되었다. 이 물자들이 무심천을 따라 운반되어 청주목으로 모였고, 청주목은 자연스럽게 내륙 교역의 중심지가 되었다. 장날에는 관내 주민과 상인, 승려, 관리들이 모여들었고, 이러한 장시

문화는 청주의 도시적 성격을 한층 강화시켰다. 청주의 장시는 무심천변을 따라 발전했고, 그 흐름은 오늘날 육거리종합시장으로 이어진다. 육거리는 무심천과 인접한 옛 시장권을 바탕으로 형성된 대표 전통시장으로, 고려시대 청주목의 교역 문화를 현대적으로 잇고 있다.

충청도병마절도사영문

조선시대에 들어 청주의 중심성은 더욱 확고해졌다. 조선 정부가 병마절도사를 주둔시키며 군사적 기능을 강화했고, 감영이 설치되면서 행정의 중심으로 자리 잡았다. 또한 향교와 서원, 서적 간행소가 들어서며 학문과 문화가 발전했다. 행정과 군사, 학문이 한 공간 안에서 긴밀히 맞물리며 도시의 성격을 형성했다. 특히 세종대왕 때 충청감영이 청주에 설치되면서, 청주는 '충청도의 수도'라 불릴 만큼 막강한 행정적 위상을 가졌다.

(상)충청북도청의 과거, (하)충청북도청의 현재

감영은 오늘날의 도청에 해당하는 기관으로 관찰사가 머물며 도내의 정치, 경제, 군사, 재판을 총괄했다. 감영 일대에는 객사, 동헌,

내아, 군기고 등이 차례로 배치되었으며, 이러한 관아 중심의 시가지 구조는 지금의 서원구, 상당구 일대 도시 구조로 이어지고 있다. 명암동 고분군, 운천동 절터, 용두사지 철당간 등은 그 시기의 청주가 행정과 문화의 중심지였음을 보여주는 흔적들이다. 무심천 주변의 평지는 농경지로 이용되었고, 북쪽 구릉지에는 관청과 민가가 들어서며 도시의 입체적 구조를 형성했다. 이러한 지형적 배치는 청주의 도시 구조가 근대 이후 새로 만들어진 것이 아니라, 오랜 세월에 걸쳐 다듬어진 것임을 보여준다.

근대 이후 청주는 대한제국기 행정 개편을 거쳐 충청북도청이 설치된 도청 소재지가 되었고, 일제강점기를 지나 철도와 도로가 개설되면서 도시의 기능이 강화되었다. 해방 이후 1949년 시로 승격된 청주는 행정과 교육, 산업의 중심으로 빠르게 성장했다. 현대의 행정 기관 분포를 보면, 충북도청은 상당구 문화동, 청주지방법원·청주지방검찰청·청주교육지원청은 서원구 산남동 일대에 자리한다. 충북대학교, 서원대학교, 청주교육대학교 등 주요 교육기관 또한 서원구에 위치해, 교육과 연구의 중심적 성격이 강화되었다. 청주의 도심 구조는 무심천을 축으로 평지와 완만한 구릉이 맞물려 형성되어 왔고 공공, 교육, 생활 기능이 이 지형을 따라 분포한다.

'서원경에서 서원구로' 이어지는 오랜 시간의 흐름은 청주가 단순히 옛 이름을 계승한 도시가 아니라 시대마다 중심의 의미를 새롭게 바꾸며 살아온 도시임을 보여준다. 신라의 서원경이 중앙 통치의 서부 거점이었다면, 고려의 청주목은 내륙 교통과 상업의 핵심지였고,

조선의 감영은 충청도의 행정과 군사 중심이었다. 오늘날의 서원구는 청주의 교육과 생활 문화가 가장 밀도 있게 축적된 공간으로 기능한다. 도심 동쪽 능선을 따라 선 상당산성은 지금도 청주를 굽어보고, 신봉동의 고분군은 서원경 시대의 흔적을 전하며, 구릉과 평야를 잇는 공간에는 천 년의 시간이 층위를 이룬다. 무심천은 신라의 하천로이자 오늘의 산책길로, 과거와 현재를 잇는 도시의 물줄기다. 서원구의 거리와 도로망, 그리고 교육과 문화 시설의 배치는 고대 서원경의 공간 질서가 형태를 바꾸어 남은 결과이며, 청주는 한 시대의 유적이 아니라 시간 위에 켜켜이 쌓인 도시다. 천 년 전의 행정도시가 오늘의 생활도시로 이어지는 그 궤적 속에서, 청주는 여전히 중심을 만든다. 멈춰선 점이 아니라, 시대에 맞춰 숨 쉬는 공간으로.

상당산성:
충청병영의 진수 산성

 상당구의 이름은 청주의 가장 오래된 지리적 정체성과 닿아 있다. '상당(上黨)'이라는 명칭은 본래 백제 시대 청주 일대를 가리키던 상당현에 비롯되었다. 이는 단순한 행정 구역명이 아니라, 청주가 이미 삼국 시대부터 하나의 지역 중심으로 자리 잡고 있었음을 보여준다. 이후 통일신라가 전국을 9주 5소경 체제로 재편하면서 이 지역은 서원경으로 편입되었다. 경주를 보완하는 서쪽의 행정 수도로서, 중부 내륙의 교통, 군사 거점이 된 것이다. 하지만 '상당'이라는 이름은 사라지지 않았다. 고려와 조선에 이르기까지, 이 고대의 지명은 다시 '상당산성'이라는 형태로 되살아나 도시의 정체성을 이어 주었다. 오늘날의 '상당구'라는 행정명 역시 이 산성에서 유래한다. 이름 속의 '상당'은 단순한 어원이 아니라, 청주가 오랫동안 방어의 도시로 존재해 온 기억을 품은 말이다.

 상당산성의 기원은 삼국시대까지 거슬러 올라간다. 『삼국사기』 문무왕 13년(673년) 조항에 따르면 신라가 청주 일대에 성을 쌓았다는 기록이 남아 있으며, 현존 유적에서도 7세기 전후 토기편과 신라계 명문기와가 출토되어 통일신라 무렵에 이미 산성이 운영되었음을 뒷받침한다. 다만 일부 연구자는 백제 시기의 토성 흔적이 그 기원일 가능성도 제기하지만, 확정된 것은 아니다. 이후 고려 시대에는 북방의 거란, 여진 침입에 대비해 성을 보강하였고, 조선 숙종 42년(1716년)에 이르러 석성으로 새로 정비되었다. 현재의 성벽 대부분은 이때의 축성 양식을 따른 것이다.

상당산성

성의 둘레는 약 4.2km, 높이는 4~6m이며, 단단한 화강암 돌을 촘촘히 쌓아 만든 석성이다. 동·서·남 세 개의 문과 암문 두 곳, 치성

세 곳이 남아 있다. 성 안에는 장대지, 군창, 병기고, 관아지, 우물터, 그리고 절도사 보좌기관이었던 운주헌의 터가 자리한다. 남쪽 구릉에는 승군이 머물던 절터의 흔적도 남아 있다. 임진왜란 당시 상당산성은 직접 전투보다는 청주성 전투를 지원하는 병참 기지로 기능하였고, 병자호란 때에는 절도사 이하 군사들이 이곳에서 방어를 시도했다. 이후 전쟁의 중심이 한양과 남한산성으로 옮겨가면서 성의 전략적 기능은 점차 약화되었으나, 주민들에게는 오랫동안 피난처로 사용되었다.

상당산성 서남암문

조선 후기 청주는 충청도의 군사적 중심지로 부상했다. 원래 충청도 병마절도사영은 충청남도 해미(현 서산시 해미면)에 있었으나, 효종 2년(1651년)에 내륙 방어와 행정 효율을 높이기 위해 청주로 이전되었다. 절도사는 청주읍성(현 성안길 일대)에 주둔하며 도내의 군사, 행정을 총괄했고, 그 배후의 상당산성에는 병마우후가 상주하여 군기 관리와 수성을 담당했다. 읍성이 '명령의 본진'이었다면, 산성은 '실행의 현장'이었다. 전시에는 산성이 피난성과 지휘소의 역할을, 평시에는 군사 훈련과 군기 관리의 역할을 수행했다. 청주는 금강 상류와 내륙 교통로가 만나는 곳으로, 물자와 병력이 집결하기에 적합했다. 군사와 민이 함께 얽힌 도시 구조 속에서 청주는 점차 행정도시이자 병영도시의 이중적 성격을 갖게 되었다.

청주는 지리적으로 한반도의 허리에 자리한다. 북으로는 충주와 제천을 거쳐 강원 내륙으로, 동으로는 보은과 문경을 지나 경상도로, 남으로는 공주, 부여를 거쳐 금강 하류로, 서쪽으로는 홍성과 서산을 지나 서해로 이어진다. 이처럼 사방으로 길이 뚫린 교통의 결절점은 조선의 내륙 방어망을 설계할 때 최적의 위치였다. 또한 청주는 분지형 지형으로 둘러싸인 천연 요새였다. 그중에서도 상당산(492m)은 도시를 내려다보는 전략적 고지였다. 동쪽에서 서쪽으로 뻗은 산줄기는 성벽을 구축하기에 이상적이었고, 남쪽의 완만한 경사는 적의 접근을 제어하기에 유리했다. 지리적으로 보면 청주는 금강 상류의 수계와 내륙로가 맞물린 지역이다. 전시에는 군수품을 금강 수로를 따라 공주, 논산 방면으로 이동시킬 수 있었고, 육로를 통해 충주와 문경을 잇는 병참선이 유지되었다. 이런 점에서 청주는 단순한 지방 행정도시가 아니라, 조선 후기 내륙 교통과 군수체계의 중심 거점이었다. 근대 이후 상당산성은 오랫동안 방치되었다가, 1973년 사적 제212호로 지정되며 본격적인 복원이 시작되었다. 이후 성곽과 문루, 장대지, 병기고, 포루 등이 순차적으로 복원되었고, 2013년 서장대, 2014년 서문루가 정비되었다. 지금의 성은 과거의 돌과 현대의 기술이 공존하는 '살아 있는 유적'으로 다시 태어났다.

　이제 상당산성은 전쟁의 성이 아니라 시민의 성이다. 봄에는 벚꽃, 가을에는 단풍이 성벽을 덮고, 주말이면 탐방객들이 성벽을 따라 걸으며 도시의 풍경을 내려다본다. 장대지 전망대에 오르면 청주평야와 무심천이 한눈에 들어온다. 성 내부의 유적들은 문화해설사의 안내로 답사할 수 있고, 청주시와 교육청은 학생들을 위한 역사체험 프로그램을 운영하고 있다. 축제나 문화행사도 잦아져, 병영의 기억은 이제 문화의 서사로 전환되었다. 상당산성은 청주의 시간과 공간이 교차하는 자리다. 신라의 성이 고려의 요새로, 조선의 병영으로, 그리고 오늘의 시민공원으로 이어져 왔다. 성벽 위를 울리던 군화의 소리는 사라지고, 이제 그 자리를 시민들의 잔잔한 발걸음이 채운다. '상당구'라는 이름은 그 발걸음이 지나온 세월을 품고 있다.

청주·청원:
4번에 걸쳐 이루어진 통합

　청원구(淸原區)라는 이름은 단순한 행정구의 표지가 아니다. 청주의 북쪽을 흐르는 미호천 평야를 품고, 그 위로 아침 안개가 피어오르는 모습을 닮은 이름이다. '맑은 들판'이라는 뜻의 청원(淸原)은 본래 청원군에서 비롯되었다. 한때는 독립된 군이었고, 그 이름 속에는 물길 따라 넓게 퍼진 들판과 오래된 마을의 기억이 깃들어 있었다. 그러나 도시는 강물처럼 한 방향으로만 흐르지 않는다. 행정의 경계는 수시로 흔들렸고, 청주와 청원은 서로의 그림자를 넘나들며 네 번의 통합 시도를 거쳐 마침내 하나의 이름 아래 합쳐졌다. 그 긴 여정은 도시가 '하나의 몸'을 되찾아가는 과정이자, 분리된 기억들을 다시 꿰매는 서사였다.

청원군 행정구역도

지명에 새겨진 도시의 역사　**87**

청원군 지도

1990년대 초 정부는 전국적으로 '도농통합'을 추진했다. 급속한 산업화로 도시와 농촌의 행정 효율이 엇갈리자, 시와 군을 하나로 묶어 균형 발전을 이루려는 정책이었다. 그 결과 1995년 1월 포항시(포항시+영일군), 경주시(경주시+경주군), 구미시(구미시+선산군), 김천시(김천시+금릉군), 상주시(상주시+상주군), 영주시(영주시+영풍군), 영천시(영천시+영천군), 진주시(진주시+진양군), 김해시(김해시+김해군), 사천시(삼천포시+사천군), 통영시(충무시+통영군), 익산시(이리시+익산군), 정읍시(정주시+정읍군), 순천시(순천시+승주군), 광양시(동광양시+광양군), 나주시(나주시+나주군), 제천시(제천시+제원군), 충주시(충주시+중원군), 논산시(논산시+강경시+논산군), 평택시(평택시+송탄시+평택군)가 도농통합시로 새롭게 출범했다. 정부는 이를 '하나의 생활권, 하나의 행정체계'라 불렀다. 이 거대한 행정 개편의 흐름 속에서 청주와 청원도 통합 대상으로 거론되었다. 충북의 중심 도시와 그 주변 농촌이 행정적으로도 한 몸이 되자는 제안이었다. 그러나 논의는 오래가지 못했다. 지역의 이익과 정체성을 둘러싼 이견이 컸고, 주민 여론은 준비되지 않았다. 결국 청주·청원은 통합 명단에서 빠졌고, 첫 시도는 그렇게 지나갔다.

  시간이 흘러, 두 번째 시도는 더 민주적인 방식으로 찾아왔다. 2005년, 이번엔 중앙정부가 아닌 주민의 손에 통합 여부가 맡겨졌다. 9월 29일 청주와 청원은 동시에 투표함을 열었다. 결과는 극명했다. 청주는 찬성 91.3%, 반대 8.7%. 그러나 청원은 찬성 46.5%, 반대 53.5%. 투표율은 36.7%로 간신히 성립 기준을 넘겼지만, '동시 찬성'이라는 조건이 성립되지 않았다. 도시의 경계는 수치로 그어졌다. 청주 사람들은 '같이 가자'고 말했지만, 청원 사람들은 '잠시만, 준비가 덜 됐다'고 했다. 시청 앞 현수막엔 '자치가 곧 생명'이라는 문장이 걸려 있었다. 그 말엔 단순한 반대가 아니라, 스스로의 존재를 지키려는 지역의 정서가 묻어 있었다.

세 번째 시도는 다소 미묘한 분위기 속에서 이루어졌다. 중앙정부가 '행정구역 개편'을 강하게 밀어붙이던 시기였다. '통합하면 예산 지원', '통합 안 하면 불이익'이라는 공문이 내려왔고, 각 지방자치단체는 일종의 압박 속에 움직였다. '통합하면 인센티브를 주겠다'는 유혹과 '통합 안 하면 소외될 수 있다'는 압박이 동시에 작동했다. 청주와 청원도 실무협의회를 열고 공동 연구용역을 발주했다. 하지만 분위기는 이미 피로했다. 앞선 주민투표의 기억이 생생했고, '정말 자율이냐'는 의심이 커졌다. 양측의 실무 협의와 간담회는 이어졌지만, 여론은 점점 식어갔다. '위로부터의 통합'이 아닌 '아래로부터의 합의'가 필요하다는 교훈만 남긴 채, 세 번째 시도는 조용히 막을 내렸다.

결국 변화는 위에서가 아니라 아래에서부터 일어났다. 시민단체, 상공회의소, 지역 언론이 통합 논의를 다시 꺼냈다. 이번엔 중앙이 아니라, 지역 스스로의 목소리였다. "이제는 통합이 필요하다." 설명회가 열리고, 주민 포럼이 이어졌다. 그리고 2012년 6월 27일, 청원군의 주민투표가 시작됐다. 결과는 투표율 36.75%, 찬성 79.03%. 마침내, 청원의 문이 열렸다. 그날 이후 '자율통합'이라는 이름이 한국 행정사에 새겨졌다. 2014년 7월 1일, 두 지역은 '청주시'라는 하나의 이름으로 다시 태어났다. 청원군은 사라졌지만, 그 이름은 '청원구'로 되살아났다. 이는 흡수나 소멸이 아닌, 기억의 계승이었다.

통합 이후 청주는 구조가 달라졌다. 도시의 축이 사방으로 확장되며, 각 지역이 제 역할을 찾아가기 시작했다. 북쪽의 오창은 첨단 연구가 모이는 혁신의 거점이 되었고, 서쪽의 오송은 생명과학의 중심으로 성장했다. 도심은 여전히 행정과 교육, 문화의 중심으로서 도시의 흐름을 이끌고, 청원의 넓은 들판은 그 모든 흐름을 받쳐 주는 토양이 되었다.

오창은 미래를 비추는 도시다. 방사광가속기가 들어서는 이곳은, 보이지 않던 물질의 세계를 밝혀내는 거대한 '빛의 실험실'이다. 이 시설이 완공되면 반도체, 배터리, 신소재, 바이오산업이 한층 더 정밀하게 연결될 것이다. 연구소에서 태어난 한 줄기의 데이터가 공장으로, 그리고 시장으로 이어지는 과정이 이제 한 도시 안에서 완결된다. 행정의 경계가 끊어놓았던 연구와 생산의 단절이 지도 위에서 자연스럽게 이어진 셈이다. 서쪽의 오송은 이미 '생명도시'라 불린다. 질병관리청과 식약처, 국립보건연구원 같은 국가기관이 모여 있고, 그 주변을 바이오산업단지와 첨단의료복합단지가 둘러싸고 있다. 통합은 이 모든 기능을 하나의 흐름으로 묶었다. 연구에서 임상, 허가에서 생산까지의 과정이 도시 안에서 순환한다. 새로운 백신이나 신약이 실험실을 거쳐 병원과 시장으로 도달하는 시간이 짧아졌

오창 다목적방사광가속기 조감도

고, 행정은 연구의 속도를 따라가기 시작했다.

　청원의 넓은 평야와 마을은 여전히 도시의 숨을 고르게 한다. 미호천을 따라 이어지는 들판은 청주의 오래된 풍경이자, 미래를 향한 실험장이다. 이곳엔 1만 3천 년의 시간이 묻혀 있다. 오창의 소로리 들판에서 발견된 볍씨는 세계에서 가장 오래된 재배벼로, 인류가 처음으로 '농경'이라는 문명을 시작한 증거다. 그 작은 볍씨는 지금의 청원이 얼마나 오래전부터 '생명'을 품어온 땅인지를 보여준다. 그 유산 위에서 오늘의 청원은 다시 실험을 시작했다. 스마트팜과 친환경 농업, 바이오소재 산업이 이곳에서 자라나며, 도심과 산업단지를 잇는 '녹색 회로망'으로 확장되고 있다. 청원의 공간은 더 이상 도시의 외곽이 아니라, 과거의 볍씨와 미래의 기술이 함께 뿌리내리는 청주의 지속 가능한 토양이 되었다. 그 중심에는 여전히 도심이 있다. 교육, 행정, 문화, 서비스가 얽힌 도심은 오창의 기술과 오송의 생명을 사람의 일상으로 끌어들인다. 대학과 연구소의 청년들이 카페거리와 창업공간으로 이어지고, 공무원과 과학자, 농업인이 같은 도시축제에서 어울린다. 각각의 기능이 따로가 아니라 서로를 향해 열린 구조, 그것이 통합 이후 청주의 새로운 리듬이다.

　통합은 이제 제자리를 잡아가고 있다. 다만 예산의 균형이나 지역 상징, 공공시설의 배분 같은 세부 조정은 여전히 섬세한 손길을 필요로 한다. 하지만 이전처럼 시와 군이 서로의 경계를 지키며 시간을 허비하지는 않는다. 이제 모든 조율은 한 도시의 내부에서, 한 리듬으로 이루어진다. 이제 청주는 기술의 빛과 생명의 맥박, 들판의 호흡이 동시에 뛰는 도시가 되었다. 오창의 빛이 새벽을 열고, 오송의 연구실 불이 밤을 잇고, 청원의 들판 위로 바람이 흐를 때, 그 모든 흐름이 '하나의 도시'라는 이름으로 합쳐진다. 청주와 청원이 오랜 세월을 돌아 만나 이룬 통합은 결국 행정의 합병이 아니라, 도시가 스스로 완성된 하나의 생명체로 진화한 사건이었다.

(좌)소로리 볍씨 조형물, (우)토탄층에서 발견된 소로리 볍씨

동 이름의 유래

도시는 매일 조금씩 바뀌지만, 이름은 좀처럼 바뀌지 않는다. 새 도로가 생기고 건물이 바뀌어도, 그곳의 이름은 예전의 풍경을 조용히 간직한다. 지명은 도시의 기억을 저장하는 가장 오래된 장치이며, 세월이 아무리 흘러도 사라지지 않는 언어의 지도다. 청주의 지명들은 그런 기억을 또렷이 붙잡아 둔 흔적들이다. 산의 모양, 물의 흐름, 사람들의 직업과 신앙, 때로는 역사적 사건이 그 이름 속에 새겨졌다. 이름을 따라가다 보면 청주가 지나온 시간과 그 속에 살아온 사람들의 흔적이 서서히 드러난다.

청주는 내륙의 분지 도시다. 사방이 낮은 산으로 둘러싸여 있고, 그 사이를 무심천이 가로지른다. 이런 지형은 자연스럽게 물과 용, 바위와 골짜기를 닮은 이름들을 낳았다. 용담동은 무심천 지류가 휘돌아 흐르며 만든 깊은 소에서 비롯되었다. 마을 사람들은 그 소를 '용이 살던 못'이라 불렀다. 여름 장마철이면 물안개가 피어올라 용이 승천할 듯 보였다고 한다. 아이들은 그 물가에서 물장구를 치며 놀았고, 어른들은 우물가에서 빨래를 하며 전설을 입에 올렸다. 지금은 도시화로 물길이 줄었지만, 동네의 이름은 여전히 그 시절의 풍경을 간직한다. 용암동 역시 '용이 앉은 바위'에서 유래했다. 동쪽의 낮은 구릉 위로 바위가 돌출되어 있는데, 멀리서 보면 마치 용이 몸을 틀고 있는 모습처럼 보였다고 한다. 풍수지리에서는 이 지역을 '용이 몸을 뻗은 자리'로 보아 길지로 여겼다. 용정동은 '용의 우물'이라는 뜻이다. 예전에는 마을 한가운데 깊은 샘이 있었는데, 물이 차고 맑아 '용이 들락거리는 우물'이라 불렸다. 지금은 도로와 건물로 덮였지만, 주민들은 여전히 '옛 용정'이라는 이름으로 그 터를 기억한다. 청주의 물길은 또 다른 이름을 남겼다. 금천동은 무심천 지류가 흐르는 마을이다. 비 온 뒤 햇빛이 비치면 냇가의 모래가 금빛으로 반짝였다 하여 '황금의 내'라는 뜻의 이름이 붙었다.

수곡동 매봉터널

수곡동은 이름 그대로 산과 산 사이의 골짜기에서 비롯되었다. 예전에는 산비탈에서 흘러내린 물이 작은 실개천을 이루며 논과 밭을 적셨지만, 지금은 대규모 아파트 단지가 들어서면서 주거지로 완전히 변모했다. 그럼에도 동 전체는 여전히 골짜기 형태의 지형을 그대로 품고 있어, '수곡'이라는 이름이 전혀 어색하지 않다. 다만 이러한 지형적 특성 때문에 도로가 직선으로 뻗기 어려워 교통 흐름이 불편한 편이며, 출퇴근 시간대에는 정체가 자주 발생한다. 최근에는 산을 관통하는 터널이 여러 개 뚫리며 인접 지역과의 주요 통행로로 활용되고 있다. 이렇듯 청주의 산과 물은 사람들의 눈에 형상을 남기고, 그 형상이 곧 이름이 되었다. 이름은 지형을 설명하는 말이 아니라, 지형을 바라보던 사람들의 시선이자 감각이었다.

지명은 자연만큼이나 행정과 제도, 그리고 시대의 흔적을 담는다. 청주의 도심 지명들은 조선시대 읍성의 구조와 함께 탄생했다. 방서동은 이름 그대로 '성 서쪽 마을'을 뜻한다. 조선시대 청주읍성의 서문 밖에 자리한 마을로, 성 안의 관아와 장터를 오가던 사람들이 반드시 지나던 길이었다. 지금도 골목 사이로 옛 성벽의 흔적이 일부 남아 있다. 사창동은 행정제도의 흔적이 남은 이름이다. 조선 후기에는 흉년에 대비하기 위해 마을 단위로 곡식을 모아두는 '사창'이 있었다. 백성들이 공동으로 쌓은 창고였고, 이곳에서 '사창' 제도가 처음 시행된 마을이라 하여 그 이름이 동명으로 굳어졌다. 지금은 대단지 아파트가 들어섰지만, 사창이라는 두 글자에는 공동체의 책임과 나눔의 정신이 담겨 있다. 모충동은 청주의 역사를 상징하는 지명이다. 임진왜란 당시 청주성 전투에서 순절한 의병과 관군의 넋을 기리기 위해 붙은 이름이다. 충을 사모한다는 뜻으로, 지금도 모충사가 그 이름을 이어받고 있다. 이 일대는 청주 사람들이 해마다 봄 제향을 올리며 선조들의 충절을 기리는 장소로 남아 있다. 도시 한가운데에서도, 이름을 따라가면 전쟁의 기억과 희생의 정신이 되살아난다.

청주 가경동 유적지

 청주의 이름 중에는 자연을 표현한 단어가 유난히 많다. 그만큼 자연과 가까운 생활이 이어졌다는 뜻이다. 죽림동은 말 그대로 대나무 숲이 울창했던 곳이다. 예전에는 바람이 불면 대나무 잎이 서로 부딪혀 맑은 소리를 냈다 하여 '죽림'이라 불렸다. 지금은 숲 대신 주택가가 들어섰지만, 마을 어귀에는 여전히 몇 그루의 대나무가 남아 옛 이름을 증언한다. 분평동은 평평한 들판이라는 뜻이다. 조선 후기 농경지로 개발되면서 논이 넓게 펼쳐져 있었다. 지금도 하천 주변의 완만한 지형이 남아 있어 '평평한 들판의 마을'이라는 이름이 잘 어울린다. 복대동은 '복이 큰 마을'이라는 뜻이다. 풍수지리상 기운이 모이는 터로 알려져 예로부터 사람들이 모여 살았다. 지금도 청주의 대표적인 주거지로 손꼽히며, 이름처럼 '복된 터전'이라는 인식이 지역 주민 사이에 남아 있다. 가경동은 '아름다운 경치'라는 뜻으로, 청주의 관문이자 시의 서쪽 관할 지역이다. 청주IC와 시외버스터미널이 위치해 교통의 중심지 역할을 한다. 예로부터 외지인이 처음 마주하는 청주의 풍경이 이곳이었기에 '가장 아름다운 경치'라는 이름이 붙었다고 전한다.

송시열 생가

청주의 지명 중에는 인물의 이름과 정신이 스며 있는 경우도 많다. 우암동은 조선 후기 대학자 송시열의 호 '우암'에서 비롯되었다. 그는 청주 출신으로, 학문과 절개를 중시한 대표적 성리학자였다. 그의 생가와 묘소가 이 일대에 있으며, 마을 사람들은 학자의 고향이라는 자부심으로 이 지명을 유지해 왔다. 우암은 이제 학문과 청렴의 상징으로 남아 있다. 오창읍은 '오리나무 창고'라는 뜻이다. 예전에는 오리나무로 만든 곡식 창고가 많아 그렇게 불렸다. 지금은 첨단산업단지가 조성되어 있지만, 오창이라는 이름 속에는 농경의 기억이 남아 있다. 내수읍은 '안쪽의 물'이라는 뜻으로, 무심천 상류의 잔잔한 물길이 흐르던 지역이다. 이름처럼 물이 맑고 평온한 지역으로, 청주의 오랜 농업 지대였다.

이처럼 청주의 지명은 자연, 역사, 제도, 인물의 흔적이 뒤섞여 있다. 용과 봉황의 전설, 충절과 학문의 기억, 대나무 숲과 논의 풍경이 모두 이름의 형태로 남았다. 지명은 단순한 행정 단위가 아니라, 도시의 성격을 형성해 온 무형의 유산이다. 도시는 변해도 이름은 남는다. 새로운 아파트 단지의 주소를 따라가도, 그 한가운데에는 오래된 마을 이름이 숨어 있다. 지명을 읽는 일은 도시의 시간을 해독하는 일이며, 청주의 이름들은 그 느린 시간의 리듬을 고스란히 품고 있다. 지도 위의 이름들을 따라가다 보면, 청주의 역사가 조용히 모습을 드러낸다. 지명은 오랜 세월 이 도시가 걸어온 길과 사람들의 삶을 언어로 기록해 왔다.

제4장

길에서 본 청주

가로수길,
도시 디자인의 축

　버스를 타고 청주IC를 빠져나오던 날의 기억이 아직도 생생하다. 차창 너머로 스쳐가던 그 첫 장면은, 마치 영화의 도입부처럼 고요한 풍경이었다. 한겨울이었다. 전날 밤 내린 눈이 도로와 나무, 지붕 위에 고루 내려앉아 도시의 색을 완전히 바꿔 놓았다. 회색빛 고속도로를 따라 달리던 버스가 청주IC를 지나자, 눈 덮인 가로수가 줄지어 나타났다. 굵은 플라타너스 가지마다 쌓인 눈이 서로 맞닿으며 하얀 터널을 만들었고, 햇빛은 그 틈 사이로 비쳐 들어와 반짝거렸다. 차가운 공기 속에서 그 빛은 유리조각처럼 투명했고, 바람이 불 때마다 가지에서 떨어진 눈송이들이 흩날리며 공중에서 반짝였다. 순간 버스 안의 사람들 모두가 무심코 창밖을 바라보았다. 도시의 입구가 이렇게 차분하게 다가오는 곳은 드물다. 그 길을 지나며 낯선 곳에 도착한다는 불안보다 오히려 편안함이 느껴졌다. 길은 단지 교통의 경로가 아니라, 한 도시의 첫인상과 인문적 정서가 스며드는 무대였다. 청주의 첫인상은 아름다움보다 '정리된 질서'에 가까웠다.

가로수길

이 질서는 오랜 시간 동안 도시의 길, 교통, 생활권의 변화를 따라 형성된 것이다.

　청주 가로수길은 단순한 도로가 아니다. 오랜 세월을 품은 도시의 얼굴이며, 외지인에게는 청주의 기후와 풍경, 그리고 도시의 성격을 압축해 보여주는 첫 장면이다. 국토해양부가 선정한 '한국의 아름다운 길 100선' 중에서도 16번째로 이름을 올린 전국적으로 손꼽히는 멋진 경관을 지닌 도로다. 이 길의 역사는 1952년으로 거슬러 올라간다. 당시 플라타너스 약 1,600그루가 일렬로 식재되었고, 반세기가 넘는 시간 동안 이 나무들은 계절을 품고 자라며 지금의 수목 터널을 완성했다.

플라타너스

플라타너스는 그리스어 '플라튀스(platys)'에서 유래한 이름으로 '넓은 잎'을 뜻한다. 잎의 크기만큼이나 도시 생태계에서 맡은 역할도 넓다. 잎과 잎자루의 미세한 털이 공기 중 먼지를 흡착해 정화 능력이 뛰어나며, 증산작용으로 수분을 내뿜어 여름철 열섬현상을 완화시킨다. 그래서 런던, 파리, 밀라노 같은 유럽 대도시의 가로수로 많이 선택되었다. 청주 역시 도시의 근대적 정비가 진행되던 시기에 같은 이유로 이 나무를 들여왔다. 당시로서는 '현대적 도시의 상징수'로 여겨졌던 것이다. 그러나 시간이 흐르면서 나무의 생장력은 때로 도시의 인프라를 압박했다. 굵어진 뿌리가 보도블록을 밀어올리고, 넓게 퍼진 수관이 전선을 가리며, 도심의 밀집된 공간 속에서는 감당하기 어려운 존재가 되었다. 그 결과 플라타너스는 점차 도심의 중심부에서 밀려나 외곽에만 남게 되었다.

훼손된 보도블록

청주 가로수길이 자리한 곳은 '도시의 경계'다. 청주IC에서 복대동 죽천교까지 약 6.3km에 걸친 이 도로는 외곽과 도심을 이어주는 통로이자, 청주의 상징적 풍경축이다. 이 길은 시민들에게 단순한 교통로를 넘어 하나의 상징적인 공간으로 인식된다. 봄이면 새잎이 피고, 여름이면 녹음이 터널을 이루며, 가을이면 잎이 금빛으로 물들고, 겨울이면 하얀 눈이 아치형 구조를 완성한다. 사계절의 변화를 담아내는 이 길은 청주라는 도시의 기후와 느낌을 압축한 하나의 '풍경 서사'다. 가로수길의 역할은 단계적으로 강화되었다. 1970~1980년대 자동차 보급이 늘면서 외곽에서 도심으로 진입하는 주요 경로로 자리 잡았고, 1990년대에는 시외·고속버스터미널이 가경동으로 이전하면서 생활 중심이 서쪽으로 이동했다. 교통 결절이 옮겨가자 사람들의 이동 경로가 바뀌고, 그 위에 상업과 서비스 시설이 따라붙었다. 사직동과 사창동 일대에 형성된 띠 모양의 상권은 기존의 성안길 상권을 보완하면서도 새로운 중심으로 성장했다. 일부 행정기능과 기업도 도심의 밀집된 공간을 벗어나 이 축을 따라 분산되었고, 청주는 다핵적 구조를 갖추게 되었다.

　도시는 길 위에서 드러난다. 길을 읽을 수 있어야 도시를 이해할 수 있다. 청주의 공간 구조를 살펴보면 가로수길을 비롯한 주요 도로가 도시의 성장 방향을 결정지었다는 사실을 알 수 있다. 그 방향성은 단기간에 형성된 것이 아니라, 오랜 역사적 축적 속에서 만들어졌다. 청주는 구석기 유물에서부터 인간의 거주 흔적이 확인되는 오래된 도시다. 백제 시대에는 상당현으로, 통일신라 때는 서원경으로

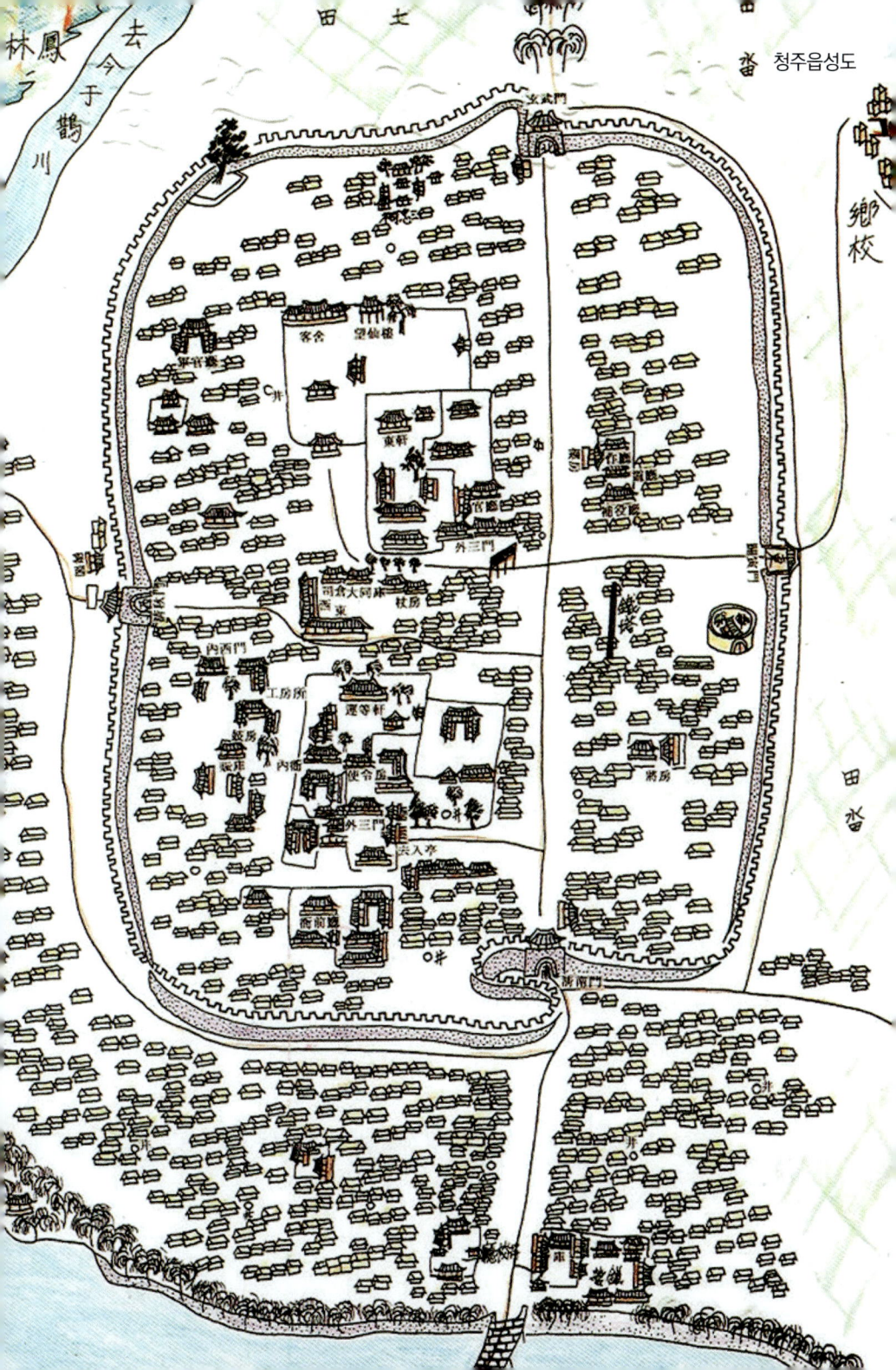

청주읍성도

불리며 행정과 군사의 중심이 되었고, 고려시대 12목 중 하나로 지정되며 지역 거점의 위상을 굳혔다. 이후 조선시대에도 충청 내륙의 관청과 시장이 집중된 도시로 성장했다.

 이처럼 역사가 깊은 도시는 대체로 자연발생적으로 확장되었기 때문에, 근대 이후의 계획도시와는 다른 공간 구조를 가진다. 청주의 중심부는 '성안길'로 불리며, 이름 그대로 옛 청주읍성 안의 공간이다. 좁은 골목과 오래된 상가, 근대 건축물이 혼재된 이 지역은 행정과 상업, 문화 기능이 한정된 구역 안에 빽빽하게 들어차 있다. 충청북도청과 청주시청, 주요 은행 지점들이 밀집해 있고, 동시에 젊은 세대가 찾는 상업지구로서 영화관, 음식점, 카페가 즐비하다. 한때 성안길은 '청주의 명동'이라 불릴 정도로 활기를 띠었다. 실제로 몇몇 영화의 촬영지가 되기도 했고, 대규모 시민 캠페인이나 서명운동이 이 거리에서 열리곤 했다. 하지만 성안길에 접해있는 왕복 4차선 규모의 상당로는 도심의 교통량을 감당하기 어렵다. 버스 노선이 집중되어 평일 출퇴근 시간에는 상습 정체가 발생하고, 주말에는 도로가 거의 멈춰 있는 듯한 광경이 이어진다. 오래된 도심이 지닌 구조적 한계가 그대로 드러나는 대목이다. 대부분의 오래된 도시가 그렇듯, 청주 역시 새로운 중심을 향해 기능을 분산하기 시작했다.

 흥미로운 점은 청주가 인위적으로 신도심을 조성한 것이 아니라 '길'을 따라 자연스럽게 외곽으로 확장되었다는 점이다. 그 길의 핵심이 바로 가로수길과 사직대로였다. 사직대로는 도심에서 서쪽으로 향하는 주간선도로로 무심천을 가로지르며 도시의 경계를 넘어가는 통로가 되었다. 청주의 도심은 동쪽으로는 우암산, 서쪽으로는 무심천에 막혀 있어 확장 여지가 좁았다. 그 답답한 구조 속에

청주시외버스터미널

서 도시의 기능은 마치 수압이 높은 물줄기가 새로운 틈을 찾아 흐르듯 사직대로를 따라 가로수길로 흘러 나갔고, 외곽에 기능을 분산시켰다. 그 상징적인 변화가 바로 시외·고속버스터미널의 이전이다. 과거 성안길 인근에 있던 터미널이 현재의 가경동, 즉 가로수길 끝자락으로 옮겨오면서 청주의 중심축이 이동하기 시작했다. 이후 상업시설, 서비스업, 교육시설 등 도시의 주요 기능이 가로수길을 따라 서쪽으로 분산되었다.

결국 청주 가로수길은 단지 아름다운 풍경이 아니라, 도시의 방향을 결정한 축이 되었다. 눈 내린 날 버스 창밖으로 보이던 그 하얀 터널은 단순한 경관이 아니라, 청주의 역사와 구조, 그리고 미래가 한 줄로 이어진 풍경이었다. 그 길을 따라 도시가 성장했고, 그 길 위에서 청주는 스스로의 공간적 운명을 설계해 왔다.

외곽순환로에 담긴
도시 확장의 흔적

　도시의 확장은 언제나 길에서 시작된다. 새로운 도로가 그어지고, 그 선을 따라 행정과 생활의 경계가 바뀐다. 청주 역시 그렇게 자라왔다. 도심을 감싼 제1순환로, 그 바깥의 제2순환로, 그리고 가장자리를 잇는 제3순환로. 세 개의 고리는 청주가 어떤 방향으로 커져왔는지를 보여주는 도시의 연대기다.

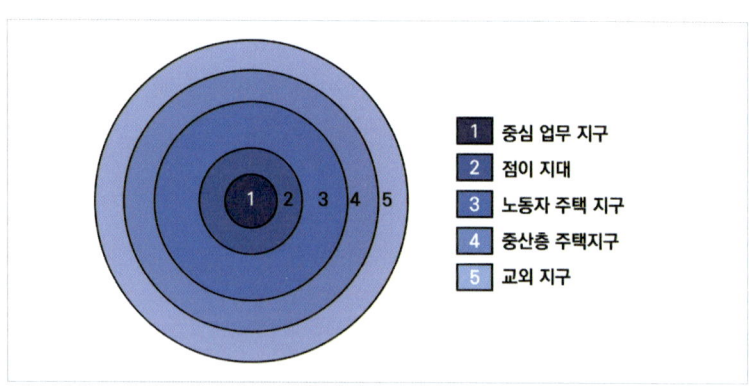

버제스의 동심원 이론

제1순환로는 청주의 근대적 도로 체계가 본격적으로 자리 잡던 1980~1990년대에 형성되었다. 길이 약 19.3km, 왕복 4~7차로로 구성된 이 도로는 도심부를 감싸며 내부 교통을 분산시킨다. 1990년대 초까지만 해도 청주의 도심은 상당공원과 성안길 일대에 집중되어 있었고, 시가지는 압축된 형태였다. 행정기관과 금융, 의료, 교육시설 등 핵심 기능이 중심부에 밀집하자 교통 혼잡이 심화되었고, 이에 따라 도심을 우회하는 새로운 도로망이 필요해졌다. 제1순환로는 청주의 첫 '도심 우회도로'로 도시의 내부 질서를 재정비한 길이었다. 도심과 주변부의 기능이 분리되면서 이 도로는 청주의 집심 현상을 가장 명확히 드러내는 경계가 되었다. 접근성이 높은 중심에는 관공서, 금융기관, 병원, 상권이 집중되고, 바깥에는 중·저밀도의 주거지가 띠 형태로 형성되었다. 이는 버제스(E. Burgess)의 '동심원 이론'이 그대로 드러나는 사례였다. 도심(CBD)을 중심으로 업무 기능이 밀집하고, 외곽으로 갈수록 주거와 상업 기능이 단계적으로 확산되는 구조. 청주의 경우 제1순환로가 그 경계를 현실적으로 시각화한 셈이었다. 충북대학교, 충북교육청, 법원, 경찰청 등 주요 기관이 이 도로를 따라 들어서며 도심 기능이 외곽으로 확산되기 시작했다. 제1순환로는 결국 청주의 중심이 어디까지인지를 알려주는 선이자, 도시 내부 질서를 구획한 물리적 경계가 되었다.

1990년대 후반, 청주의 인구는 도심을 벗어나 외곽으로 이동하기 시작했다. 지대의 상승과 교통 혼잡, 높은 주거 밀도는 사람들을 도시 밖으로 이끌었다. 도심의 집중력이 약해지고 외곽으로 기능이 흩러 나가는 전형적인 이심 현상이었다. 접근성과 편의성은 여전히 중심에 있었지만, 쾌적한 주거 환경과 공간적 여유를 찾아 이동하는 흐름이 뚜렷해졌다. 자동차의 보급은 이러한 변화를 현실로 만들었다. 사람들은 더 이상 도심에 머물 필요가 없었고, 통근 범위가 넓어지면서 주거지는 자연스럽게 도시의 경계를 넘어 확산되었다.

제2순환로

이 변화는 새로운 도로망의 필요성을 낳았다. 늘어난 교통량과 생활 동선을 감당하기 위해 도심과 외곽을 연결하는 보다 넓은 순환축이 필요해졌다. 그렇게 등장한 것이 제2순환로였다. 총연장 20.6km, 지방도 696호선을 포함하는 이 도로는 도심과 외곽을 직접 잇는 생활축으로 설계되었다. 분평동, 복대동, 율량동, 강서동 등

신흥 주거지들이 제2순환로와 연결되며 청주의 공간 구조는 한층 입체적으로 변했다. 주요 구간이 개통된 2000년대 중반에 도심 접근성은 크게 향상되었고, 특히 남부 구간에는 아파트와 병원, 상업 시설, 학교가 들어서며 완결된 생활권이 형성되었다.

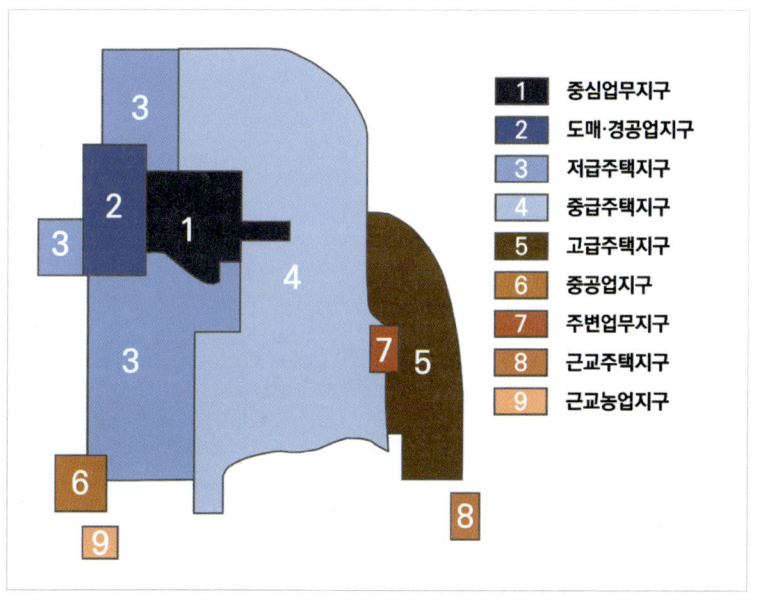

해리스와 울만의 다핵심 이론

이때부터 청주는 더 이상 하나의 중심으로 설명되기 어려운 도시가 되었다. 도심의 과밀이 외곽으로 기능을 분산시키고, 외곽의 새로운 거점이 또 다른 중심으로 성장했다. 이는 해리스와 울만의 다핵심 이론이 그대로 드러난 형태였다. 도시 기능은 단일 중심에서 벗어나 서로 다른 입지에서 여러 핵을 이루며 성장하는 구조로 바뀌었다. 행정과 금융은 여전히 도심에 남았지만 제2순환로를 따라 주거와 산업, 상업 기능이 결합된 새로운 생활권이 자리 잡았다. 제2순환로는 단순한 도로가 아니라 생활과 산업, 주거와 소비의 흐름을 하나로 잇는 축이었다. 자동차가 길을 만들었고, 그 길이 다시 도시의 형태를 바꾸었다. 교통은 단순한 이동 수단을 넘어 도시 성장의 원리이자 동력이 되었다.

제3순환로

청주의 세 번째 순환로는 도시 확장의 결정판이라 불릴 만하다. 2001년 착공 이후 23년에 걸쳐 순차적으로 개통된 제3순환로는 총연장 41.84km, 사업비 약 9,000억 원이 투입된 대규모 사업이었다. 2024년 4월 마지막 구간이 이어지며 청주는 완전한 외곽 순환망을 갖추게 되었다. 단순한 우회도로가 아니라 도시 공간의 외연을 물리적으로 확장시킨 선이었다. 제3순환로가 놓이기 전, 도심과 외곽을 잇는 교통은 원활하지 않았다. 오창의 산업단지, 오송의 연구단지, 옥산의 산업·물류 거점은 도심과의 접근성이 낮아 상호 연계가 느슨했다. 그러나 개통 이후 도심과 외곽 간 통행 효율이 높아지고 생활권이 하나로 통합되었다. 출퇴근 이동시간이 눈에 띄게 줄었고, 물류 차량의 회전율은 크게 높아졌다. 청주시는 이 변화를 두고 '도시 25분 생활권 시대의 개막'이라 선언했다.

제3순환로의 완성은 청주가 도시확산(urban sprawl)의 단계로 들어섰음을 보여준다. 도심 밀도가 낮아지고 외곽에 주거, 산업, 상업 기능이 비연속적으로 퍼지는 현상이다. 교통망이 확충되자 낮은 지가와 넓은 부지를 가진 지역으로 개발이 확산되었다. 동남지구, 강서지구, 오송, 오창 등이 그 대표적인 사례다. 이러한 변화는 사회적, 경제적 요인이 복합적으로 작용한 결과 교외화로 이어졌다. 보다 쾌적한 주거 공간을 찾아 이동한 인구와 함께 병원, 학교, 쇼핑몰, 물류센터 같은 시설이 외곽으로 따라 나갔다. 중심 기능이 분산되면서 외곽은 더 이상 '변두리'가 아닌 자족형 생활권으로 자리 잡았다.

결국 청주는 중심의 위계가 뚜렷했던 도시에서 기능이 분산된 네트워크형 도시로 바뀌었다. 오송의 바이오 클러스터, 오창의 첨단산업지대, 강서의 복합상업지구, 동남지구의 주거벨트가 각기 다른 중심으로 성장했다. 이 모든 거점을 제3순환로가 연결했다. 중심은 분산되었지만 기능은 오히려 정교해졌다. 제3순환로는 단순한 교통 기반 시설이 아니라, 도시 확장의 선이자 생활권의 경계선이었다. 그 선을 따라 주거와 산업, 상업과 물류, 일상과 이동이 동시에 확장되었다.

청주의 도시 확장은 여전히 진행 중이다. 오송역세권 도시개발사업은 재착공을 앞두고 있으며 KTX, SRT, GTX가 연결되는 복합철도망의 결절점이자 제3순환로와 이어지는 교통 거점으로 주목받고 있다. 오송 제2생명과학단지는 충북경제자유구역으로 지정되어 산업구조의 고도화를 준비 중이다. 청주공항 일대에서는 '에어로폴리스 3지구' 개발이 추진되고 있다. 항공산업과 물류 클러스터를 조성하는 계획으로 제3순환로와 공항 진입로가 연결되면서 공항 배후권이 확대되고 있다. 도로, 산업, 공항, 철도가 유기적으로 이어지며 청주는 '내륙 교통의 결절 도시'로 변화하고 있다. 이 모든 변화의 중심에는 제3순환로가 있다. 도로가 닿은 곳마다 생활권은 확장되고, 산업 기반은 고도화되며, 청주의 도시 구조는 한층 성숙해졌다.

지금의 청주는 세 개의 순환로와 일곱 개의 방사축으로 이루어진 구조를 가진다. 제1순환로는 도심의 교통을 안정시키는 내부순환, 제2순환로는 생활권을 잇는 중간순환, 제3순환로는 도시 외연을 확장하는 외부순환으로 기능한다. 여기에 낭성, 미원, 내수, 오창, 북이, 옥산,

오송으로 이어지는 방사형 도로망이 더해지며, 청주는 도시 전역을 아우르는 체계적인 교통망을 완성해 가고 있다. 이러한 구조 속에서 청주는 단일 중심의 도시가 아니라, 여러 기능이 유기적으로 연결된 다핵적 네트워크 도시로 진화하고 있다. 세 개의 순환로는 단절의 선이 아니라 연결의 축이다. 제3순환로의 완공 이후, 청주의 외곽은 더 이상 변두리가 아니라 새로운 중심이 형성되는 공간으로 바뀌었다.

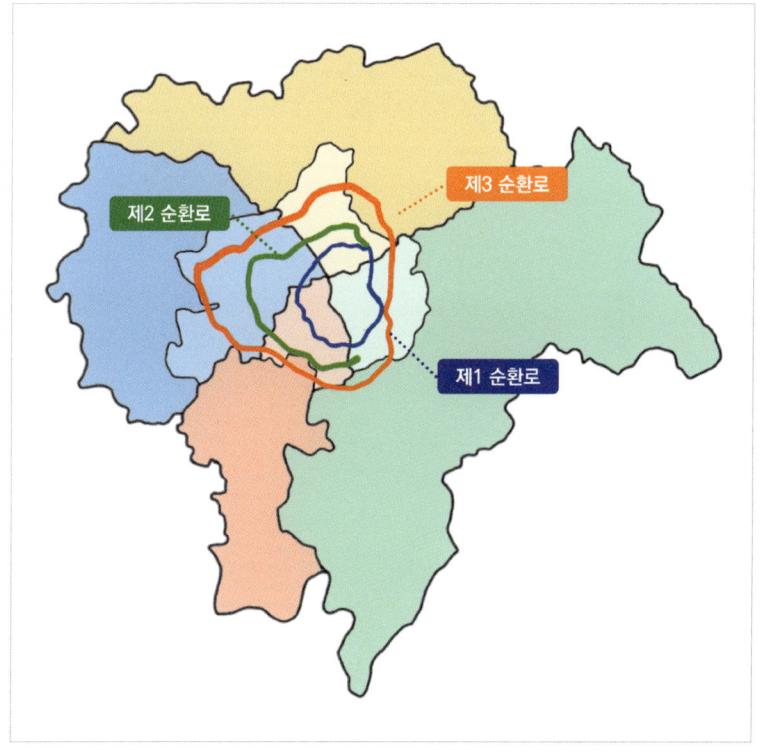

청주 외곽순환로 지도

도시의 확장은 무질서한 팽창이 아니라 길을 따라 질서 있게 이어지는 성장의 과정이다. 길이 도시의 형상을 바꾸고, 도시는 그 길 위에서 스스로의 경계를 다시 그린다. 제3순환로를 따라가다 보면, 청주는 하나의 생활권으로 단단히 이어진 도시임을 실감하게 된다.

간선도로망과
공간의 연결성

 청주의 도로 위를 달리다 보면, 도시는 끊임없이 얼굴을 바꾼다. 중심을 벗어나 간선도로를 따라 외곽으로 나가면, 도로마다 다른 색과 냄새, 각기 다른 시간의 속도가 느껴진다. 북쪽의 길은 산업의 기계음으로 울리고, 서쪽의 길은 철도와 행정의 질서로 단정하며, 남쪽의 길은 들판의 여유와 강의 바람을 싣고, 동쪽의 길은 산의 고요 속으로 스며든다. 도로망은 단순한 이동의 수단이 아니라, 청주라는 도시가 어떤 방향으로 살아왔고 또 어디로 향하고 있는지를 보여주는 지도다. 도시의 기억과 욕망은 언제나 길 위에서 만들어진다.

 청주의 북쪽으로 향하는 길은 산업의 활기가 선명하다. 국도 17호선을 타고 올라가면 곧 오창의 풍경이 펼쳐진다. 공단의 굴뚝과 넓은 도로, 규격화된 공장동과 연구소 건물들이 연이어 서 있다. 오창과학산업단지는 청주를 넘어 충북 전체의 산업 중심축이 되었고, 이곳에서 생산되는 전자, 바이오 제품은 다시 도로를 따라 전국으로,

그리고 항공 화물로 세계로 나아간다. 청주국제공항은 바로 그 북쪽 끝에 자리 잡고 있다. 활주로 위로 뜨고 내리는 비행기의 소리는 청주의 일상 풍경 속에 자연스럽게 섞여 있다. 산업과 하늘길이 맞닿은 이 축은 청주가 지역 경제의 무게중심에서 세계로 나아가는 통로다. 오창과 내수 일대의 주거지는 그 도로를 따라 조용히 확장되며, 도시와 산업이 함께 자라나는 풍경을 만든다.

청주국제공항

서쪽으로 향하는 길은 청주의 외연이 국가의 중심으로 이어지는 방향이다. 오송으로 이어지는 간선도로는 언제나 분주하다. 트럭과 버스, 그리고 KTX 오송역을 오가는 차량들이 끊임없이 오간다. 오송은 경부선과 호남선이 만나는 교차점이자, 세종과 청주를 잇는 행정·산업 복합지대다. 도로를 따라 오송첨단의료복합단지와 국가산단이 자리하며, 연구시설과 공공기관이 나란히 들어섰다. 출퇴근 시간의 오송로는 단순한 통근길이 아니라, 청주와 세종이 사실상 하나의 생활권으로 엮이고 있음을 보여준다. 강내와 가경, 복대동 일대는 이 도로를 따라 상업과 주거가 집중되며 서청주의 새로운 중심을 형성하고 있다. 이 서쪽의 축은 청주가 충청권 광역 네트워크 안에서 '연결점'으로 기능하게 만든 동선이다.

오송역

남쪽으로 향하는 간선도로는 도심의 긴장을 풀어주는 여유의 길이다. 흥덕구를 지나 남이면과 문의 방면으로 향하면, 도심의 밀도가 희미해지고 대신 들판과 구릉이 눈에 들어온다. 남청주IC는 경부고속도로로 진입하는 관문으로, 산업물류의 흐름을 담당하지만 그 주변 풍경은 의외로 느긋하다. 도로를 따라 소규모 산업단지와 공장, 물류창고가 드문드문 이어지고, 그 사이로 농경지와 전원주택이 섞여 있다. 도시의 외곽이지만, 완전한 시골도 아니다. 주말이면 문의문화재단지나 청남대를 향하는 차량이 늘어나고, 대청호 수계를 따라 조성된 공원과 도로에서는 도심의 사람들과 교외의 풍경과 어우러진다. 남쪽의 간선도로는 청주가 '삶의 속도'를 조절하는 방향이다. 산업과 여가, 교통과 풍경이 한 도로 위에서 공존하는, 도시의 완충지대라 할 수 있다.

간선도로를 따라 입지한 아울렛 매장

동쪽의 길은 청주의 다른 얼굴이다. 상당산성으로 향하는 도로를 따라가면, 도심의 직선이 점차 굽이로 바뀐다. 산의 능선이 가까워지고, 바람이 달라진다. 도로 옆으로 옛 산성길과 전통마을의 흔적이 남아 있다. 상당산성은 단순한 유적이 아니라, 청주가 언제나 '자연을 등지고 도시를 세운' 공간적 구조를 보여주는 상징이다. 산성을 지나 낭성으로 이어지는 길은 더 완만해지며, 숲과 계곡이 길게 펼쳐진다. 낭성면 일대는 청주의 자연경관 중 가장 아름다운 지역으로 꼽힌다. 봄이면 벚꽃이, 여름이면 짙은 녹음이 도로를 감싸고, 가을에는 단풍이 산길을 물들인다. 도심에서 불과 20분 거리에 있으면서도 완전히 다른 공기를 느낄 수 있다. 이 길은 청주의 역사와 자연이 맞닿은 경계이자, 도시가 숨을 돌리는 숨결의 방향이다.

이 네 방향의 길을 따라가다 보면, 청주는 하나의 중심을 가진 도시가 아니라, 네 개의 세계가 공존하는 도시임을 깨닫게 된다. 북쪽은 산업의 도시, 서쪽은 교통과 행정의 도시, 남쪽은 여가의 도시, 동쪽은 자연과 기억의 도시다. 이 길들이 모여 청주는 단단한 원형을 이루지 않고, 마치 결이 다른 직조물처럼 느슨하면서도 치밀하게 짜여 있다. 간선도로망은 청주의 물리적 경계를 넓히는 동시에, 도시의 성격을 분화시켰다. 길을 따라 이동하는 것은 단순한 거리의 변화가 아니라, 청주라는 도시의 성격이 변주되는 경험이다.

결국 청주의 도로는 도시의 시간과 방향을 함께 품고 있다. 산업의 성장, 행정의 확장, 주거의 이동, 자연의 보존이 모두 이 길 위에서 일어났다. 청주의 발전사는 곧 도로망의 확장사다. 도로는 도시를 분할하면서도 연결하고, 확장하면서도 중심으로 되돌린다. 그래서 청주는 길 위에서 태어난 도시다. 지도 위의 선들은 단순한 교통망이 아니라, 이 도시가 살아온 궤적이며, 지금도 그 위에서 하루하루 자신을 새로 쓰고 있다.

내덕칠거리와 육거리시장

청주의 북쪽은 아침의 속도가 다르다. 출근 차량이 서서히 모이고, 커피를 든 사람들의 걸음이 교차로에 길을 만든다. 내덕동의 공기는 언제나 하루 먼저 깨어난 듯한 긴장감이 있다. 도시의 북쪽 끝, 일곱 갈래 길이 만나는 내덕칠거리는 그 움직임의 중심이다. 이곳을 지나 도심으로 향하는 사람들, 다시 외곽으로 나가는 물류의 움직임이 하루의 질서를 만들어낸다.

내덕칠거리의 역사는 청주의 근현대 도시 확장과 맞닿아 있다. 이곳은 본래 시 외곽의 교통 요지로, 청주 시가지와 북부 농촌 지역을 잇는 도로가 만나는 자리였다.

일제강점기 이후 산업 시설이 들어서며 도로망이 확장되었고, 해방 이후에는 대규모 제조업체의 입지로 주변이 빠르게 도시화되었다. 특히 출퇴근 인파가 일정한 시간대마다 한 방향으로 집중되면서, 자연스럽게 일곱 갈래의 길이 만나는 독특한 교차로 구조가 형성되었다. 도시계획에 따른 인공적 설계라기보다는, 사람의 발길과 생활의 흐름이 누적되어 만들어진 형태였다. 1970~1980년대 내덕칠거리는 북부 생활권의 중심지로 자리 잡았다. 근처에는 주택단지, 상가, 학교, 정류장이 밀집해 있었고, 노동자들의 출퇴근길과 학생들의 통학길이 교차했다. 교통량이 많아지면서 도로 확장과 신호체계가 정비되었지만, 여전히 복잡한 교차로 구조는 이 지역의 상징으로 남았다.

내덕칠거리

현재는 도로의 폭이 넓어지고, 일부 구간은 입체교차로화가 진행되었지만, 생활도로와 간선도로가 공존하는 이 지역의 구조적 특성은 크게 변하지 않았다. 내덕칠거리는 지금도 북쪽 외곽과 도심을 잇는 교통과 생활의 중추로 기능하고 있다.

 이 칠거리를 따라 남쪽으로 내려가면, 청주의 대표적인 상설시장인 육거리시장이 나타난다.

 육거리시장은 이름처럼 여섯 갈래 길이 교차하는 교통 요지에 자리 잡고 있다. 조선 후기 읍성 남문 밖에서 열린 장터가 도시 확장에 따라 이동하며 현재의 위치로 정착했다. 1960~1970년대 산업화 시기에는 청주 도심과 청원 농촌을 잇는 물류 거점으로 성장했고, 1980년대에는 청주의 상업 활동을 대표하는 시장으로 자리매김했다. 육거리시장의 특징은 도시형 생활시장이라는 점이다. 주로 지역 주민의 생필품 수요를 담당하며 식자재, 가전, 의류, 잡화 등 품목 구성이 다양하다. 1990년대에는 주변에 도로교통이 발달하고 주택단지가 들어서면서 상권이 더욱 확장되었다. 당시 시장 일대는 '청주의 물가를 결정하는 곳'으로 불릴 만큼 활력이 컸다. 2000년대 이후에는 대형마트와 온라인 유통망의 등장으로 매출이 감소했지만, 시장은 정비를 통해 스스로 변화를 시도했다. 2010년대 초반부터 정부와 지방자치단체의 전통시장 현대화 사업이 진행되었고, 시장 내 아케이드와 공영주차장이 신설되었다. 또한 상인회 중심의 공동마케팅과 카드 결제 시스템 도입 등으로 이용 편의성이 높아졌다. 시장의 구조도 조금씩 바뀌어 기존의 비포장 골목이 정비되고, 도로 폭이 확장되면서 보행자 통행이 원활해졌다.

그럼에도 불구하고 육거리시장의 본질은 여전히 '사람의 관계'에 있다. 단골 상인을 기억하는 인사, 서로의 안부를 묻는 대화, 거래의 신뢰로 이어지는 관계망이 이 시장을 지탱한다. 도시의 소비 구조가 대형화, 비대면화되는 흐름 속에서도, 육거리시장은 얼굴을 마주한 교류의 공간으로 남아 있다. 그 점에서 이곳은 단순한 상업지가 아니라, 청주의 일상 문화를 가장 온전히 보존하고 있는 생활공간이라 할 수 있다. 현재의 육거리시장은 전통시장으로서의 기능을 유지하면서도, 주변 상권과 연결된 복합 상업지대로 변모하고 있다. 인근 도로 정비와 버스 노선 확충으로 접근성이 향상되었고, 지역 축제나 행사가 열릴 때는 시민과 관광객이 함께 찾는 공간으로 활용된다. 앞으로의 육거리시장은 단순한 판매 공간이 아닌, 지역 상권과

공동체가 결합된 도시 생활 거점으로 발전할 가능성이 크다. 고령화된 상인층의 세대교체, 온라인 판매와의 연계, 로컬 브랜드와의 협업 등은 이 시장의 새로운 과제가 될 것이다.

내덕칠거리와 육거리시장은 산업과 생활, 교통과 상업이 맞물린 청주의 중심축 위에 놓여 있다. 하나는 도시의 북쪽을 관통하는 교통의 결절점이고, 다른 하나는 남쪽 생활경제의 중심이다. 과거에는 공장의 출근길과 시장의 장보기가 하루의 흐름을 이어주었고, 지금은 차량의 흐름과 사람의 이동이 같은 축을 따라 이어진다. 청주의 도시사는 늘 이런 방식으로 움직였다. 사람이 만든 길이 도시의 구조가 되고, 생활의 흔적이 시간이 지나 지역의 기억으로 남는다. 내덕칠거리와 육거리시장은 바로 그 과정이 가장 선명하게 드러나는

육거리시장

자리다. 이곳은 청주의 과거와 현재, 그리고 미래가 자연스럽게 이어지는 통로다. 새벽에 출근하는 사람의 걸음과 저녁에 시장에서 돌아오는 사람의 걸음이 교차할 때, 청주의 하루가 완성된다. 도시는 그렇게, 사람의 길 위에서 자라온다.

제5장

도시재생과 역동적 변화

연초제조창:
산업유산의 재탄생

 도시의 시간은 한번 멈추었다가 다시 흐르기도 한다. 도시재생은 바로 그 멈춘 시간을 다시 움직이게 하는 일이다. 「도시재생 활성화 및 지원에 관한 특별법」은 도시재생을 이렇게 정의한다. "도시재생이란 인구의 감소, 산업구조의 변화, 도시의 무분별한 확장, 주거환경의 노후화 등으로 쇠퇴하는 도시를 지역역량의 강화, 새로운 기능의 도입, 창출 및 지역자원의 활용을 통하여 경제적·사회적·물리적·환경적으로 활성화시키는 것을 말한다." 이 법적 정의는 다소 건조하지만, 그 속에는 도시의 생명력 회복이라는 큰 뜻이 숨어 있다. 과거의 재개발이 낡은 건물을 밀어내고 새 건물을 세우는 일이었다면, 도시재생은 도시의 기억 위에 새로운 삶을 덧입히는 일이다. 도시는 과거를 완전히 지우지 않고, 그 흔적과 기억을 품은 채 새로운 기능과 감정을 불어넣으며 스스로의 결을 바꿔간다.

 도시재생은 단순한 물리적 정비가 아니라 도시의 구조와 기능을 다시 설계하는 일이다. 이 과정에서 중요한 변화는 '참여'다. 행정과 자본이 주도하던 재개발 시대가 지나고, 이제 주민과 지역 공동체가 도시의 방향을 결정한다. 지자체는 도시재생 전문가와 공무원을 파견해 현장 지원센터를 세우고, 주민과 함께 지역의 쇠퇴 원인과 잠재력을 분석한다. 낡은 골목의 구조, 산업의 변동, 주거환경의 수준, 그리고 공동체의 연결망을 면밀히 살피며, 그 안에서 새로운 가능성을 찾아낸다. 이처럼 도시를 다시 이해하려는 태도야말로 오늘날 도시재생의 출발점이다.

말뫼 Bo01 지구

세계적인 도시재생의 성공사례로 자주 언급되는 도시는 스웨덴 남부의 항만도시 말뫼(Malmö)다. 한때 북유럽 최대의 조선소와 공업단지를 품었던 말뫼는 1980년대 산업 쇠퇴 이후 급격한 침체를 겪었다. 조선소는 문을 닫았고, 항만에는 녹슨 철 구조물과 폐기된 설비만 남았다. 그러나 말뫼는 절망 속에서 완전히 다른 미래를 설계했다. 서부 항만 지역의 Bo01 지구는 100% 재생에너지로 운영되는 친환경 주거단지로, 태양광과 풍력, 바이오가스를 이용해 도시 스스로 에너지를 자급한다. 보행자 중심의 동선과 녹지축이 얽히며, 도시 전체가 하나의 생태 시스템처럼 작동한다. 조선소가 있던 Varvsstaden 지구는 철거 대신 보존을 택했다. 조선소의 벽돌과 철골 구조를 남기고, 그 속에 주거, 사무, 문화 기능을 엮었다. 이곳은 과거의 시간을 지우지 않은 채, 그 위에 새로운 일상을 쌓아올린 도시의 실험이었다. 스웨덴의 도시재생은 '공간을 새로 짓는 일'이 아니라 '도시의 가치 체계를 다시 세우는 일'이라는 사실을 보여주는 대표적인 사례로 평가된다.

말뫼 Varvsstaden 지구

한국의 도시재생은 2007년 한국토지주택공사(LH)가 도시재생사업단을 출범시키면서 제도적 틀을 갖추었다. 도시쇠퇴의 원인을 분석하는 1핵심과제, 주거지 재생을 다루는 2핵심과제, 산업의 복합화를 추진하는 3핵심과제, 녹색도시를 위한 4핵심과제를 중심으로 2014년까지 다양한 시범사업이 이어졌다. 대표적인 국내 사례로 서울의 두 지역을 들 수 있다. 서울의 성수동은 1960~1980년대, 구두와 인쇄, 금속 가공 등 중소 제조업이 빽빽하게 들어선 산업 지역이었다. 좁은 골목마다 기계음과 화공약품 냄새가 가득했고, 구두 장인들의 손끝에서 산업화 시대의 제품이 태어났다. 그러나 산업의 쇠퇴와 임대료 상승으로 1990년대 이후 공장들이 빠져나가며, 골목은 텅 비고 사람들의 발길이 끊겼다.

성수동

이후 서울시는 2014년 성수동 일대를 '서울형 도시재생 시범사업 지구'로 지정하여 철거가 아닌 재활용에 중점을 둔 도시재생사업을 진행하였다. 1970년대 식품 창고였던 대림창고는 전시장과 카페, 공연장이 결합된 복합문화공간으로 다시 태어났다. 성수연방은 낡은 공장을 리모델링해 로컬 브랜드 숍과 서점, 갤러리, 식음 공간이 함께 들어선 창의복합지구로 변모했다. 언더스탠드 애비뉴는 지상철 하부의 유휴공간을 활용해 청년 창업 플랫폼으로 탈바꿈했다. 이곳에서는 장인의 수제화 작업과 디자이너의 신제품 기획이 공존하며, 성수동은 '과거의 산업과 현재의 문화가 겹쳐진 공간'으로 다시 숨 쉬기 시작했다. 물론 부작용도 있었다. 상업화로 인한 임대료 상승, 원주민 이탈, 젠트리피케이션의 조짐이 뒤따랐다. 그럼에도 성수동의 변신은 여전히 의미가 깊다. '낡은 것을 밀어내지 않고, 그 안에서 새로움을 찾아낸다'는 도시재생의 철학을 가장 잘 보여주는 사례이기 때문이다.

창신동 이음피움 봉제역사관

그러나 도시재생이 항상 성공으로 이어지는 것은 아니다. 서울 종로구의 창신동·숭인동은 1980년대까지만 해도 봉제산업의 중심지였다. 그러나 산업의 쇠퇴와 인구 감소로 빠르게 침체했다. 2014년 도시재생 선도사업지로 지정되면서 골목길 정비, 봉제역사관 조성, 주민공동시설 확충 등이 이루어졌지만, 근본적 회복은 이루어지지 않았다. 복잡한 지형 구조와 노후된 도시 기반 시설로 인해 사업이 제한적이었고, 봉제산업은 고령화와 수익성 저하로 활력을 잃었다. 행정은 주민 참여를 강조했으나 실제로는 형식적 회의에 그쳤다. 결과적으로 지역 인구의 15% 이상이 이탈했고, '재생'이라는 이름 아래 또 다른 쇠퇴가 진행되었다. 이 사례는 도시재생의 본질이 단순한 공간 정비가 아니라, 사람이 머물 수 있는 구조를 만드는 일임을 일깨운다. 건물이 남더라도 사람이 떠난다면, 그것은 재생이 아니라 껍데기 복원에 불과하다.

연초제조창

오래된 도시 청주는 산업구조의 변화와 주거지 노후화로 도심의 활력이 점차 약해지고 있었다. 그 중심에는 한때 도시의 상징이었던 연초제조창이 있었다. 1946년 조선전매국 청주연초공장으로 설립된 이곳은 오랜 세월 담배 산업의 중심지로, 수천 명의 노동자가 일하며 연간 100억 개비에 달하는 담배를 생산했다. 공장 굴뚝에서 피어오르던 연기는 산업도시 청주의 상징이었다. 그러나 1999년 한국담배인삼공사(KT&G)가 생산시설을 대전으로 이전하면서 공장은 문을 닫았고, 2004년 완전히 폐쇄되었다. 도심 가장자리에 남겨진 거대한 건물은 오랫동안 녹슨 철골과 벽돌만을 드러낸 채 방치되었다.

문화제조창

그러던 2011년, 청주국제공예비엔날레가 이곳에서 열리며 새로운 전환점이 찾아왔다. 버려졌던 공장이 전시장으로 변모했고, 높은 천장과 거대한 공간은 대형 설치미술에 이상적인 환경이 되었다. 노출 콘크리트 벽과 산업의 흔적은 오히려 작품을 돋보이게 만들었다. 이후 2013년, 연초제조창은 국토교통부 도시재생 선도사업 공모에 선정되어 본격적인 리모델링이 시작되었고, 2017년 문을 연 '청주문화제조창 C'가 그 결실이다. 'C'는 City, Culture, Citizen의 약자로, 도시와 문화, 시민이 만나는 상징이다. 공장의 외형은 보존하면서 내부를 전시관, 도서관, 창작 스튜디오, 공연장, 카페, 창업 공간으로 채웠다. 과거 담배를 생산하던 라인 위로 이제는 시민의 발걸음이 오가고, 굴뚝은 더 이상 연기를 내뿜지 않는다. 그 자리에서 피어나는 것은 청주의 문화다. 문화제조창은 산업의 기억을 품은 채 새로운 기능을 수행하는 도시의 실험실이 되었다. 시민들은 단순한 관람객이 아니라, 창작자와 기획자로서 공간을 채운다. 공장의 거대한 구조는 여전히 남아 있지만, 그 안에서는 물질이 아닌 문화가 생산된다. 이 변화는 청주가 스스로의 정체성을 새롭게 조직한 노력의 결실이었다. 한때 담배 산업의 중심지였던 청주는 이제 기억을 보존하며 미래를 창조하는 도시로 나아가고 있다. 쇠퇴한 산업유산을 지우지 않고, 그 위에 새로운 문화를 쌓아 올린 이 실험은 도시재생의 본질을 보여준다. 공장 굴뚝은 더 이상 산업의 상징이 아니다. 이제 그것은 도시의 시간과 사람의 삶을 잇는 다리이자, 청주가 다시 숨쉬기 시작한 증거다.

수암골:
성공과 쇠퇴의 경계

　도시의 가장 높은 곳은 언제나 가장 낮은 사람들의 자리였다. 달동네는 도시의 경계이자 사회의 그늘이었다. 도시의 불빛을 내려다보는 위치에 있으면서도, 그 불빛 속으로 들어갈 수 없던 사람들이 모여 살았다. 그러나 그곳은 단순한 빈민가가 아니라, 한국 현대사의 결정적 순간들이 축적된 살아 있는 기록이었다. 달동네의 기원은 전쟁이다. 1950년 한국전쟁 이후, 폐허가 된 도시로 피란민이 몰려들었다. 서울과 부산, 대구, 청주 같은 도시는 하루아침에 인구가 두 배, 세 배로 늘어났다. 정부의 주거 대책은 턱없이 부족했고, 피란민들은 산비탈이나 하천 주변의 빈터에 직접 집을 세웠다. 집이라고 하기 어려운, 나무판자와 천막으로 엮은 비닐지붕 아래에서 시작된 마을이 바로 달동네였다. 서울의 아현동과 난곡동, 부산의 감천동, 대구의 남산동, 청주의 수암골이 모두 이런 전쟁의 흔적에서 태어났다. 피란민의 집들이 모이자 언덕은 하나의 마을이 되었고, 그 마을이 시간이 지나며 도시의 가장자리로 고착되었다.

부산 달동네 168계단

　1960~1970년대 산업화가 본격화되면서 달동네는 새로운 의미를 얻었다. 농촌을 떠나 공장 노동자가 된 젊은이들이 도시로 몰려왔고, 그들이 정착할 곳은 여전히 산비탈이었다. 도시의 인프라는 산업 설비와 도로 확충에 집중되어 있었고, 주거 문제는 뒷전이었다. 그래서 사람들은 도시의 경계에 판잣집을 세우고, 그곳에서 출근과 퇴근을 반복하며 하루하루를 버텼다. 도시의 중심에서 소외된 노동자들이 도시의 성장 기반을 떠받쳤던 셈이다. 1980년대 이후 도시화가 가속화되면서 달동네는 점점 '도시의 결핍'을 상징하게 되었다. 아스팔트 도로와 아파트 단지, 유리 빌딩이 늘어날수록 달동네는 도시 경관 속의 이질적인 존재가 되었다. 하지만 그곳의 사람들은 여전히 도시의 필수 인력이었다. 청소 노동자, 공장 노동자, 시

장 상인, 버스 운전기사. 이들의 일상은 산을 내려갔다 다시 오르는 반복 속에 이어졌다. 달동네는 그래서 도시의 위계가 드러나는 공간이다. 경제적 계층이 물리적으로 고도를 달리하며 존재하는, 일종의 사회적 지형도이다. 언덕 위에서 바라본 불빛은 근대화의 상징이었지만, 동시에 도달할 수 없는 꿈이었다. 달동네의 풍경은 결국 '근대화의 그늘이 만들어낸 아름다움'이었다.

  도시가 성장하면서 달동네는 점점 불편한 존재로 여겨졌다. 불법 건축, 열악한 위생, 화재 위험, 부족한 기반 시설이 재개발의 명분이 되었다. 그러나 재개발은 도시의 겉모습을 바꾸는 동시에, 그 안의 기억을 지우는 일이기도 했다. 달동네의 발전은 결국 그것을 '지워낼 것인가, 남겨둘 것인가'의 선택의 역사였다. 서울 난곡동은 전면 재개발의 전형적인 사례이다. 1970년대까지만 해도 난곡동 일대는 서울에서 가장 대표적인 판자촌이었다. 비가 오면 진흙물이 골목을 따라 흘렀고, 하수도조차 없었다. 1990년대 들어 서울시는 도시 이미지를 개선한다는 이유로 대규모 재개발을 추진했다. 낙후된 주거 지역은 대부분 철거되고, 그 자리에 아파트 단지가 들어섰다. 도로는 넓어지고 환경은 깨끗해졌지만, 수많은 주민이 보상금을 제대로 받지 못한 채 밀려나기도 했다. 골목의 정은 사라졌고, 그 안에 쌓였던 세월의 기억도 함께 흩어졌다. 도시의 외형은 현대적으로 바뀌었지만, 그 안의 '사람의 시간'은 지워졌다.

감천문화마을

반면 부산의 감천문화마을은 보존 재개발의 대표적인 사례이다. 감천동은 한국전쟁 때 피란민이 모여 만든 마을이다. 2009년부터 주민이 중심이 된 '감천문화마을 만들기' 사업이 시작되면서 마을은 새로운 모습을 얻었다. 오래된 집을 허물지 않고 외벽에 색을 입히며 골목마다 예술작품을 더했다. 좁은 골목에는 다시 활기가 돌았고,

부산 168계단 모노레일

'한국의 마추픽추'라 불리며 관광객의 발길이 이어졌다. 방문객이 늘면서 임대료가 오르고 생활의 풍경이 조금 달라졌지만, 감천동은 낡은 마을을 지우지 않고 그 위에 새 이야기를 쌓아 올렸다는 점에서 특별하다. 예술과 삶이 함께 숨 쉬는 이 마을은, 도시가 과거를 품은 채 다시 살아날 수 있음을 보여주는 상징으로 남았다. 이 두 마을은 도시가 달동네를 어떻게 다루는지를 보여주는 두 가지 방향이다. 하나는 낡은 것을 철거하고 새로운 구조를 세우는 전면 재개발이고, 다른 하나는 기존의 흔적을 남긴 채 변화를 시도하는 보존 재개발이다. 두 방식 모두 장단점을 안고 있다. 전면 재개발은 주거 환경을 단기간에 개선하고 도로, 상하수도, 전기 같은 기반 시설을 정비할 수 있다는 점에서 현실적인 효과가 크다. 오래된 구조물의 안전 문제를 해결하고 도시의 효율성을 높이는 데에도 유리하다. 난곡동의 경우 낙후된 판잣집이 사라지고 아파트 단지가 들어서면서 생활 여건이 확실히 좋아졌다. 다만 그 과정에서 세월이 만든 골목의 질감과 이웃의 관계는 함께 사라졌다. 도시의 환경은 새로워졌지만, 그 안의 삶은 다시 시작해야 했다. 보존 재개발은 그와 반대되는 접근이다. 마을의 형태와 기억을 유지하면서, 그 안에서 새로운 기능을 덧입히는 방식이다. 낡은 집을 허물지 않고 색을 입히며 예술을 더했다. 골목의 형태는 그대로 남았지만, 그 위에 삶의 온도와 리듬이 새롭게 겹쳐졌다. 관광객이 늘고 생활 풍경이 조금 달라졌지만, 이 방식의 강점은 '공간의 시간'을 지우는 대신 덧칠한다는 점이다. 오래된 공간이 여전히 제 얼굴을 가지고 있다는 사실만으로도, 그 도시는 자기 역사를 존중한다고 말할 수 있다. 결국 두 방식 중 어느 하나가 절대적으로 옳다고 할 수는 없다. 전면 재개발이 도시의 기반을 정비한다면, 보존 재개발은 도시의 정체성을 지킨다. 하나는 삶의 터전을 새로 세우는 일이고, 다른 하나는 그 터전에 쌓인 시간을 이어가는 일이다. 도시의 성장은 이 두 방향이 균형을 이루는 지점에서 비로소 완성된다. 기억과 효율, 속도와 지속성 사이에서 도시가 어떤 선택을 하느냐가, 그 도시가 어떤 얼굴로 남을지를 결정한다.

 청주의 수암골은 청주라는 도시의 정체성을 가장 잘 보여주는 곳이다. 이 마을은 1950년대 한국전쟁 때 피란민들이 모여들며 형성되었다. 내륙에 자리한 청주는 비교적 안전한 곳이었고, 피란민의 발길이 잇따랐다. 이미 도심은 사람들로 가득했기에, 그들은 무심천과 우암산 사이의 비탈진 언덕에 터를 잡았다. 버려진 자재로 벽을 세우고 함석으로 지붕을 덮었다. 비가 오면 진흙이 골목을 따라 흘러내렸지만, 사람들은 그 속에서 삶을 이어갔다. 좁은 골목 사이로 밥 냄새가 섞이고, 한 집의 연기가 다른 집의 지붕을 덮었다. 전기도 수도도 부족했지만, 이웃끼리 물을 나누고 불을 빌렸다. 수암골은 청주의 산업화 이전, 가장 밑바닥에서 도시를 떠받친 사람들의 공간이었다. 1970~1980년대 청주가 산업 도시로 성장하면서 수암골의 위치는 점점 선명해졌다. 언덕 아래는 시장과 공장, 행정 중심지로 바뀌었지만 언덕 위는 여전히 시간이 멈춘 듯했다. 도심과 불과 몇백 미터 거리였지만, 생활수준은 전혀 달랐다. 그러나 바로 그 대비가 수암골의 공간적 개성을 만들어냈다.

수암골 벽화마을에서 학생들이 재치 있게 사진을 찍고 있다.

 2007년, 청주시는 수암골 벽화마을 조성사업을 시작했다. 낡은 담장에는 하나둘 색이 입혀졌고, 골목마다 그림이 그려졌다. 오랜 세월 비와 바람에 닳아 있던 벽은 예술가들의 손끝에서 다시 살아났다. 사람들은 이 언덕의 변화에 놀랐고, 소문은 빠르게 퍼졌다. 많은 드라마와 영화가 이곳에서 촬영되면서 수암골은 금세 청주의 새로운 명소가 되었다. 언덕 꼭대기 전망대에서 내려다보는 청주의 도심 야경은 SNS에 오르내렸고, 그 풍경을 담으려는 사람들이 주말마다 언덕을 찾았다. 좁은 골목에는 커피 향이 퍼졌고, 오래된 집들은 카페나 작은 공방으로 변했다. 예전의 허름한 판잣집이 예술가들의 손에서 새로운 얼굴을 얻자, 수암골은 '예술의 마을'로 불리기 시작했다. 골목마다 각기 다른 색과 이야기가 겹치며, 마을은 하나의 거대한 갤러리처럼 변해갔다. 이 변화는 단순한 외형의 변신을 넘어, 마을의 분위기와 사람들의 일상까지 바꾸어 놓았다. 오래된 골목에 외지인들이 드나들고, 여행객들의 웃음소리가 섞였다. 이 과정에서 일부 주민들이 다른 곳으로 이사하거나 새로운 세입자가 들어오기도 했지만, 그 또한 마을이 살아 움직인다는 신호였다. 이전의 조용했던 언덕은 어느새 예술과 일상이 공존하는 공간이 되었다. 수암골의 벽화는 단지 장식이 아니라, 마을의 기억 위에 새겨진 새로운 언어였다. 피란의 흔적, 산업화 시대의 노동, 그리고 지금의 예술적 실험이 한 공간 안에서 겹쳐졌다. 이 언덕은 낡음과 새로움이 자연스럽게 이어지는 장소가 되었고, 그 경계가 수암골의 정체성을 만들어냈다. 수암골의 진짜 매력은 그 '겹침'에 있다. 벽화와 담장, 오래된 지붕과 유리창, 옛 연탄집 터 위의 카페. 이 모든 것이 하나의 시간 속에서 어우러져 있다. 그래서 이곳을 걷는 일은 단순한 관광이 아니라, 청주라는 도시의 시간을 거슬러 오르는 경험에 가깝다. 수암골은 청주의 역사와 삶, 예술이 가장 진하게 응축된 공간, 말 그대로 '기억의 언덕'이다.

  도시는 늘 변한다. 그러나 그 변화를 어떤 방식으로 받아들이느냐에 따라 도시의 품격은 달라진다. 수암골은 지금 또 하나의 변곡점에 서 있다. 화려했던 벽화의 색은 예전보다 바랬지만, 사람들의 발길은 여전히 이어진다. 주말이면 언덕길을 따라 야경을 보러 오는 이들이 많고, 골목마다 커피 향과 웃음소리가 섞인다. '치즈빙수'로 유명해진 카페와 전망대 앞의 포토존은 여전히 수암골을 대표하는 풍경이다. 세월이 흐르며 문을 닫은 가게도 있지만, 새로 들어선 상점들이 그 자리를 채웠다. 도시재생의 흐름이 한차례 지나간 뒤, 수암골은 빠른 확장 대신 조금 더 느린 속도로 변화를 이어가고 있다. 이 고요함은 쇠퇴의 신호이기도 하지만, 동시에 일상이 안정되는 과정일 수도 있다.

현재 수암골이 안고 있는 과제는 젠트리피케이션이다. 재생 초기 외부 자본

수암골 치즈빙수

이 들어오면서 마을의 가치는 높아졌지만, 일부 주민이 떠나야 했다. 그 결과 마을은 점차 관광 중심의 공간으로 바뀌고 있다. 그럼에도 수암골은 여전히 살아 있는 생활공간이다. 오랫동안 자리를 지켜온 주민들, 골목의 작업실에서 일하는 예술가들, 그리고 이곳의 분위기를 즐기러 오는 방문객들이 함께 어우러진다. 화려하진 않지만, 이런 공존이 수암골을 특별하게 만든다. 앞으로의 수암골은 외형을 넓히기보다 관계와 기억을 지켜가는 방향으로 나아가야 한다. 새로운 건물을 세우는 것보다, 사람이 머물 수 있는 환경을 만드는 일이

더 중요하다. 공공임대주택이나 공동 문화공간, 주민과 예술가가 함께 운영하는 프로그램 같은 시도가 현실적인 대안이 될 수 있다. 도시의 품격은 낡은 것을 없애는 데서가 아니라, 그 위에 새로움을 더하는 데서 생긴다. 해 질 무렵 언덕에서 내려다보면 청주의 불빛은 여전히 익숙하다. 수암골은 여전히 변하고 있지만, 완전히 사라지지 않는다. 이 언덕을 지키는 일은 청주의 시간을 이어가는 일이며, 도시가 스스로의 역사를 존중하는 가장 자연스러운 방식이다.

핫플레이스와 젠트리피케이션

 도시는 호흡한다. 청주는 그 호흡이 짧고도 또렷하다. 중심의 열기가 옮겨가면 새로운 거리가 불을 밝히고, 상권의 온도는 계절처럼 바뀐다. 성안길에서 시작해 수암골, 하복대, 운천동, 산남동, 그리고 대규모 주거단지를 배경으로 성장한 율량동, 동남지구, 강서지구로 이어지는 궤적은, 이 도시가 어떻게 스스로의 지도를 다시 그려왔는지 보여주는 생활사이자 문화사다. 변화는 빠르지만, 그 변화의 흐름 속에는 공간의 변화가 남긴 교훈이 숨어 있다.

 성안길은 청주의 상업 발전을 가장 앞에서 이끌어온 원초적 엔진이자 지금도 여전히 살아 있는 중심지다. '시내 간다'는 말이 곧 성안길을 뜻하던 시절부터 이곳은 소비와 유행이 교차하는 무대였다. 백화점과 영화관, 오래된 상가와 작은 가게들이 어우러지며 청주의 도심이 어떤 얼굴을 지니고 있는지를 스스로 증명해 온 거리였다. 외곽 상권이 커지며 한동안 침체기를 겪었지만 성안길은 쉽게 사라지지 않았다. 한 세대의 변화가 지나가면 또 다른 세대가 돌아왔고 그렇게 이 거리는 다시 숨을 고르며 새로 태어났다. 회복의 과정은 단순한 리모델링이 아니라 시간 위에 쌓인 조율의 결과였다. 차량 중심의 도로가 걷기 좋은 거리로 바뀌고, 어지럽던 간판과 전선이 정리되면서 공간의 인상이 한결 정돈됐다.

성안길

 청년 창업 지원과 팝업스토어, 주말 플리마켓 같은 작은 실험들이 닫혀 있던 점포에 불을 켰고, 2층과 3층의 빈 공간들은 카페와 작업실, 공방으로 다시 태어났다. 오래된 건물의 뼈대를 남긴 채 내부를 다듬은 가게들이 늘어나면서 성안길은 세련됨보다 '시간이 겹쳐 쌓인 거리'로서의 개성을 얻게 되었다. 이곳을 걷다 보면 성안길이 왜 여전히 청주의 중심인지 자연스럽게 느껴진다.

성안길 원도심골목축제 성안 이즈백

낮에는 의류점과 카페, 서점이 일상의 흐름을 만들고, 저녁이면 음식점과 주점이 불을 밝히며 활기를 더한다. 주말에는 가족과 청년층이 함께 모여 오래된 거리 안에서 새로움을 찾는다. 소비의 성격이 시간대마다 달라지기에 상권은 쉽게 식지 않는다. 오랜 단골과 새로운 손님이 공존하는 자연스러움, 그것이 성안길의 가장 큰 생명력이다. 이 거리의 또 다른 힘은 균형이다. 대형 프랜차이즈가 안정감을 주는 틀을 만들고, 그 사이사이를 로컬 가게들이 채우며 거리의 표정을 완성한다. 간판의 화려함보다 중요한 건 그 안에서 일어나는 작은 풍경들이다. 카페 창가에서 책을 읽는 사람, 골목 안 옷가게의 열린 문틈, 주말 저녁에 흘러나오는 버스킹의 음악까지, 성안길은 그런 일상의 장면들이 자연스럽게 이어져 완성되는 거리다.

물론 성안길도 젠트리피케이션의 위험에서 완전히 자유롭지는 않다. 하지만 이곳은 변화의 파도를 밀어내기보다 받아들이고 재배치하는 방식으로 버텨왔다. 오래된 점포와 새로 들어선 가게가 완벽히 조화를 이루지는 않지만, 서로의 존재를 인정하며 공존의 틀을 유지한다. 변화의 속도를 조절할 줄 아는 거리 그것이 성안길이 가진 가장 단단한 힘이다. 결국 성안길은 청주의 상업사가 압축된 한 장의 풍경이다. 낡은 도시의 결을 남기면서도 새로운 세대의 감각을 받아들이며, 끊임없이 스스로를 갱신해 왔다. 단순히 과거의 중심이 아니라, 지금도 살아 있는 도시의 심장이다. 그래서 청주 사람들은 여전히 성안길을 향할 때 이렇게 말한다. "시내 간다."

구도심을 비켜 언덕으로 오르면 수암골이 나온다. 한 때 달동네였던 이곳은 벽화마을이 조성되면서 새로운 얼굴을 갖게 되었고, 골목마다 공방과 독립 카페가 들어서며 청주의 대표적인 문화공간으로 자리 잡았다. 오래된 담장과 계단길은 과거의 흔적을 그대로 품고 있고, 언덕 위로 오를수록 청주 시내가 한눈에 내려다보인다. 전망이 좋은 카페에서는 도심의 야경을 바라보며 커피를 마실 수 있어 수암골은 지금도 청주에서 가장 인기 있는 '뷰 명소' 중 하나다. 이 지역의 특징은 재생이 과거를 완전히 덮지 않았다는 점이다. 주택을 헐고 새 건물을 짓기보다 기존의 형태를 살려 리모델링하면서 오래된 골목 구조와 생활의 흔적이 여전히 남아 있다. 벽화는 단순한 장식이 아니라 그 공간에 살았던 사람들의 이야기를 담은 기록이 되었고, 공방과 카페는 그 이야기를 이어가는 현재의 생활공간이 되었다. 하지만 인기가 높아지면서 변화의 속도도 빨라지고 있다. 프랜차이즈 카페가 들어서고 임대료가 오르면서 초기의 공방과 독립 상점이 자리를 지키기 어려워졌다. 예술과 지역성보다는 관광과 소비 중심의 상권으로 바뀌는 조짐도 보인다. 지금의 수암골은 예술과 상업, 지역성과 브랜드화의 경계 위에 있다. 이 균형을 어떻게 지켜내느냐에 따라 수암골은 앞으로도 청주의 기억이 살아 있는 문화지로 남을지, 혹은 또 하나의 소비 거리로 바뀔지가 결정될 것이다.

서쪽으로 내려오면 하복대가 도시의 활기를 밤까지 이어준다. '술집이 다 문을 닫으면 하복대로 가면 된다.' 이 짧은 문장은 한 시절 하복대가 어떤 곳이었는지를 정확히 보여준다. 하루의 끝을 받아내던 거리, 밤이 가장 늦게까지 깨어 있던 청주의 심야 중심지였다. 불빛은 새벽이 가까워질 때까지 꺼지지 않았고, 식당과 주점은 손님이 빠져나간 자리에 곧바로 새로운 손님을 맞았다. 청주의 밤이 다른 도시보다 유난히 길었던 이유는 바로 이곳이 그 불빛을 지탱했기 때문이다. 하복대는 도시계획이 만든 인공적인 상권이 아니라 시민의 생활이 쌓여 만들어낸 자생적 거리였다. 퇴근 후의 2차, 3차 동선이 자연스럽게 이어지고, 주말이면 도심에서 이동해 온 젊은 층과 직장인들로 거리가 가득 찼다. 프랜차이즈 카페, 호프집, 포장마차, 식당, 노래 주점이 촘촘히 이어지며 어느 시간대에도 불이 꺼지지 않았다. 하복대 교차로를 중심으로 한 골목마다 술 냄새와 음식 냄새, 웃음소리가 뒤섞이며 청주의 밤을 하나의 거대한 장면으로 만들었다. 그때의 하복대는 단순한 유흥가가 아니라 청주의 '야간도시'를 완성한 상징적인 공간이었다. 이곳의 구조는 복잡하지만 유기적이다. 계획된 쇼핑타운이 아니라 생활패턴이 축적되며 스스로 커진 생활형 야간상권이었다. 불규칙한 건물 배치와 좁은 도로가 오히려 상권의 밀도를 높였고, 서로의 간판 불빛이 반사되며 밤의 거리를 더욱 환하게 만들었다. 하복대의 밤은 도시의 질서보다 시민의 습관이 만들어낸 결과였다. 사람들은 그 안에서 자유로움을 느꼈고, 청주의 밤은 그렇게 하나의 문화로 자리 잡았다.

하지만 강한 활력만큼 피로도도 컸다. 외식과 주류 중심의 업종구조는 한정된 시간대의 소비에 의존했고, 낮에는 문 닫은 가게들

이 줄지어 거리의 활기가 끊겼다. 밤의 성공이 낮의 공백을 만든 셈이다. 교통 혼잡과 소음, 쓰레기 문제는 상권의 고질적인 부작용이 되었고, 주민 생활과 상권의 공존은 쉽지 않았다. 하복대의 에너지는 여전히 뜨겁지만 그 결이 단조롭고 방향이 한쪽으로 치우쳐 있다. 그럼에도 하복대는 청주의 도시 문화에서 빼놓을 수 없는 장소다. 성안길과 수암골이 낮의 청주를 대표한다면 하복대는 청주의 밤을 상징한다. 새벽녘까지 켜진 불빛, 자정을 넘어도 가득한 테이블, 마지막 차를 놓친 사람들이 모여드는 풍경은 청주의 밤을 대표하는 장면이 되었다. 한때의 과열된 유흥 중심지에서 조금씩 균형을 찾아가며 프랜차이즈 카페와 가족 단위 식당이 늘어나는 변화도 이어지고 있다. 급격하진 않지만 상권은 서서히 재편 중이다. 이제 하복대의 과제는 분명하다. '밤의 거리'로 쌓아온 활력을 잃지 않으면서도 낮에도 살아 있는 복합 상권으로 확장해야 한다. 주류, 외식 중심의 소비구조를 넘어 문화와 취향, 생활 콘텐츠가 공존할 수 있는 공간으로 발전할 필요가 있다. 작은 전시 공간, 라이브 음악, 로컬 브랜드 숍, 커뮤니티형 카페 같은 시도가 더해진다면 하복대의 불빛

수암골에서 내려다본 청주시 전경

은 단순한 유흥의 상징을 넘어 하루의 전 시간대를 품는 생활 무대로 거듭날 수 있을 것이다. 하복대는 여전히 청주의 에너지가 가장 농축된 곳 중 하나이다. 이 에너지를 유지하되 방향을 바꾸는 일, 그것이 지금 이 거리의 과제다. 청주의 밤을 가장 길게 만든 하복대가 앞으로는 낮과 밤이 자연스럽게 이어지는 '24시간의 거리'로 거듭난다면 이곳은 다시 한번 청주의 도시 문화를 이끄는 상징이 될 것이다.

운천동의 운리단길은 청주의 보행 문화를 새로 바꾼 거리다. 이름부터 상징적이다. '운리단길'은 '운천동'과 서울의 '경리단길'을 합쳐 만든 말로, 지역성과 트렌드가 결합된 신조어다. 서울의 경리단길이 오래된 주택가가 카페 거리로 변한 상징이라면, 청주의 운리단길은 그 지역적 버전이라 할 수 있다. 낡은 단독주택들이 브런치 카페, 공방, 소품 가게로 리모델링되면서 차 중심의 도시 구조 속에 사람 중심의 보행 동선이 만들어졌다. 이 거리의 매력은 '사람의 속도'에 있다. 폭이 좁은 길, 낮은 건물, 창 너머로 드러나는 생활의 풍경이 자연스럽게 걷고 머물게 만든다. 큰 개발 없이 기존 구조를 활용한 덕분에 공간의 결이 살아 있고, 골목에는 새로운 감각이 스며들었다. 도시재생사업이 토대를 닦고 청년 창업자들이 그 위에 이야기를 더하면서 운리단길은 '청주판 연남동'이라 불리게 되었다. 주말이면 외지 관광객도 찾고, SNS에서는 특색 있는 카페와 소품점의 사진이 끊이지 않는다. 흥미로운 점은 이 거리가 단순한 상업지대가 아니라 청주의 역사적 맥락과도 닿아 있다는 것이다.

운천동 출토 동종

운리단길에서 조금만 더 걸으면 흥덕사지와 고인쇄박물관이 있다. 1377년 세계에서 가장 오래된 금속활자본 '직지심체요절'이 인쇄된 바로 그 터다. 과거 고려의 인쇄문화가 꽃피었던 장소에서 멀지 않은 곳에 오늘날 창의적인 문화산업의 거리인 운리단길이 자리하고 있는 셈이다. 인쇄문화가 기술과 예술의 결합이었던 것처럼 이 거리 역시 공예, 디자인, 음식, 콘텐츠가 얽히며 새로운 창작의 형식을 만들어가고 있다. 흥덕사지와 고인쇄박물관이 '직지의 정신'을 상징한다면, 운리단길은 그 정신이 현대적으로 재해석되어 살아 움직이는 공간이라 할 수 있다. 하지만 성공의 빛 뒤에는 언제나 그늘이 있다. 상권이 주목받으면서 임대료가 오르고, 초창기 독립 점포들이 자리를 지키기 어려워졌다. 골목의 다양성이 줄어들고, 비슷한 형태의 카페와 상점이 늘어나면서 개성이 희미해지고 있다. 서울의 경리단길이 그랬듯 젠트리피케이션이 빠르게 진행될 경우 운리단길 역시 단기 유행형 거리로 쇠퇴할 가능성이 있다.

지금 운리단길은 중요한 갈림길에 서 있다. 단순히 소비 중심의 거리로 머무를 것인지, 아니면 지역의 기술, 문화, 생활산업이 어우러진 콘텐츠 허브로 성장할 것인지가 결정될 시점이다. 도시재생의 성과를 상업적 흥행으로만 끝내지 않고 창작자와 주민, 로컬 브랜드가 함께 지속 가능한 생태계를 만들어갈 수 있을지가 관건이다. 운리단길의 보행 동선은 단순히 사람들이 오가는 길이 아니라 청주의 도시문화가 과거의 인쇄문화와 어떻게 연결되고, 앞으로 어떤 방향으로 발전할지를 보여주는 상징적인 길이 되고 있다.

산남동

산남동은 2010년대 중반 청주의 '밤 문화'를 이끌던 거리였다. 당시 이곳은 청주에서 가장 트렌디한 상권이었고, 로데오거리를 따라 늘어선 술집과 음식점은 젊은 세대의 감각을 그대로 반영하고 있었다. 날씨가 좋은 계절이면 거리는 야외 테이블과 의자로 가득 찼고, 사람들은 거리 한복판에서 식사를 하고, 술잔을 부딪치며 늦은 밤까지 머물렀다. 산남동의 밤은 단순한 외식이 아니라 하나의 사회적 풍경이었다. 조용했던 주택가의 골목들이 활기를 얻었고, 청주의 새로운 만남의 장이 되었다. 이 시기 산남동은 청주에서 가장 세련된 유흥과 외식 문화를 보여주는 무대였다. 수제맥줏집, 감각적인 인테리어의 레스토랑, 와인바, 퓨전주점이 거리를 채우며, 전국 어디에 내놔도 손색없는 트렌디한 분위기를 만들어냈다. 도심에서 약간 떨어져 있다는 점은 오히려 장점으로 작용했다. 중심가의 번잡함 대신

도시재생과 역동적 변화 **167**

여유와 세련된 분위기를 갖춘 이곳은 청주의 새로운 '핫플레이스'로 떠올랐다. 저녁이 되면 거리 전체가 하나의 야외 라운지가 되었고, 불빛과 음악, 사람들의 대화가 어우러지며 도시의 밤을 물들였다. 하지만 그 화려한 시절은 오래가지 않았다. 상권이 확장될수록 임대료는 급격히 오르고, 자영업자들이 빠져나간 자리에 프랜차이즈 매장이 들어섰다. 개성 있는 가게들이 사라지자 거리의 분위기는 빠르게 균질화되었고, 새로운 상권이 신도시로 옮겨가면서 사람들의 발길도 함께 이동했다. 그 결과 지금의 산남동 로데오거리는 한때의 활기를 잃고 있다. 간판 대신 임대 안내문이 붙은 점포들이 늘어났고, 밤에도 불이 꺼진 채 방치된 상가들이 눈에 띈다.

한때 청주의 젊은 문화가 가장 뜨겁게 타올랐던 산남동은 이제 '핫플레이스의 생명주기'를 보여주는 대표적인 사례가 되었다. 빠른 성공이 곧 빠른 피로로 이어지고, 독창성이 사라지면 소비자는 금세 다음 공간으로 이동한다는 도시의 법칙이 이곳에서도 반복된 것이다. 지금의 산남동은 여전히 중심 상권 중 하나지만 더 이상 청주의 밤을 주도하지 않는다. 이 거리가 다시 살아나기 위해서는 단순히 점포를 채우는 것이 아니라 상권의 내용과 형식을 함께 새롭게 구성해야 한다. 유행하는 맛집과 술집만으로는 오래 지속될 수 없다. 지역의 특색을 살린 로컬 브랜드, 예술적 요소, 주민이 참여할 수 있는 커뮤니티 공간 등이 함께 어우러질 때 산남동은 과거의 화려함이 아니라 새로운 지속성을 가진 거리로 다시 자리 잡을 수 있을 것이다.

이제 청주의 생활 중심과 상업의 무게가 율량동, 동남지구, 강서지구로 옮겨가고 있다. 세 지역 모두 대규모 주거단지 개발을 기반으로 성장한 신도시형 소비지대라는 공통점을 갖는다. 구도심의 성안길이 도시의 뿌리였다면, 이 지역들은 청주의 새로운 생활 중심이자 외곽 확장의 상징이다. 넓은 도로망과 주차 편의, 계획적으로 배치된 상가, 프랜차이즈 중심의 소비 구조는 효율적이지만, 동시에 도시 고유의 개성을 약화시키는 구조적 딜레마를 안고 있다.

율량동은 청주의 북동부에 자리한 대표적인 주거·상업 복합지구다. '율량·사천택지개발지구'로 불리며 2000년대 초반부터 꾸준히 개발이 진행되어 왔다. 대형 아파트 단지를 중심으로 주거 인구가 급격히 늘었다. 이에 맞춰 근린상가와 학원가, 카페거리가 함께 성장했다. 특히 '율량카페거리'에는 프랜차이즈 카페와 디저트 전문점, 브런치 레스토랑이 밀집해 있다. 아파트 단지에서 도보 5분 이내로 접근 가능한 거리라는 점이 율량동 상권의 핵심 경쟁력이다. 저녁 무렵이면 학원을 오가는 학생들과 직장인 가족 단위의 방문객이 몰려들어, 안정적인 소비 인구층이 형성된다. 다만 이 안정성은 역설적으로 획일화를 낳는다. 상가에 들어선 가게들이 대부분 브랜드 카페, 미용실, 학원, 치킨집으로 비슷해져 지역의 개성이 희미해졌다. '어디서나 볼 수 있는 거리'라는 평가가 늘어나는 이유다.

동남지구는 청주의 동쪽에 위치한 신도시형 주거단지로 현재 청주의 외곽 확장을 상징하는 대표적 지역이다. 대규모의 아파트 단지가 개발되면서 수만 명 규모의 인구가 유입되었다. 이 지역은 도로 폭이 넓고 차량 동선이 단순하며, 대형 주차장이 확보된 상업지대가 계획적으로 배치되어 있다. 중심 상권은 동남지구 중심대로를 따라 형성되어 있는데, 스타벅스 리저브, 폴바셋, 투썸플레이스, 버거킹, 홍익돈까스, 이디야커피랩 등 프랜차이즈 매장이 빠르게 입점하면서 상권의 외형이 완성되었다. 특히 '청주 새적십자병원'과 '청주지방검찰청 동남청사' 등 공공시설이 들어서며 유동 인구가 늘어 낮 시간대에도 일정한 소비 흐름이 유지된다. 계획도시의 구조적 장점인 넓은 보행로, 차량 동선의 단순함, 상가와 주거지의 적절한 거리는 생활의 효율을 극대화시켰다. 그러나 그만큼 지역의 특색이 옅다. 깔끔하고 정돈된 풍경 속에서 '청주다움'의 감각을 찾기 어렵다는 지적도 있다. 향후 로컬 브랜드와 생활문화 프로그램, 커뮤니티형 상점이 결합되어야 '살기 좋은 신도시'를 넘어 '머물고 싶은 도시공간'으로 발전할 수 있다.

동남지구

강서지구는 아직 성장 중인 지역이지만 가장 빠른 확장이 예상되는 지역이다. 강서지구는 오송, 오창과 인접해 있으며 대형 아파트 단지가 속속 완공되면서 신흥 주거벨트가 형성되고 있다. 이 지역은 제3순환로를 통한 청주국제공항, 오송역, 오창산업단지와의 교통 접근성이 우수하며, 중부고속도로 석곡IC가 인접하여 외부 유입 인구가 많다. 상권은 주거지 중심으로 빠르게 성장 중이다. 강서지구 중심상업지역에는 이미 프랜차이즈 커피전문점, 키즈카페, 패밀리 레스토랑, 소형 마트가 들어섰다. 주중에는 직주근접형 소비, 주말에는 가족 단위 여가형 소비가 동시에 이뤄지는 '복합형 생활상권'으로의 발전 가능성이 높다. 하지만 현재로서는 프랜차이즈 중심의 획일적 조합이 주류를 이루고 있어, 초기 단계에서부터 로컬 브랜드와 생활문화 콘텐츠를 적극적으로 유입하지 않으면 '베드타운형 소비지'의 한계를 벗어나기 어렵다.

세 지역의 공통점은 분명하다. 모두 대규모 주거단지와 상업시설이 결합된 신도시형 소비지대로 접근성과 편의성, 예측 가능한 소비 패턴이 강점이다. 도로는 넓고, 주차는 편하며, 필요한 브랜드는 대부분 한 블록 안에서 해결된다. 하지만 그 효율성은 동시에 단조로움을 낳는다. 거리의 표정은 비슷하고, 경험의 차별성은 약하다. 도시의 삶을 편하게 해주지만 기억에 남을 장면은 줄어든다. 율량동, 동남지구, 강서지구가 청주의 생활 지도를 새로 그리려면 효율로만 움직이는 구조에 지역의 결과 온기를 더해야 한다. 프랜차이즈의 반듯한 틀 사이로 이야기가 스며들 때 이곳은 단순한 신도시 상권이 아니라 청주의 다음 문화를 품은 무대로 바뀔 것이다.

청주의 핫플레이스는 일정한 패턴을 따라 끊임없이 움직인다. 새로 생긴 거리는 빠르게 주목받고, 익숙해지면 또 다른 곳으로 중심이 옮겨간다. 각 상권은 저마다 다른 개성을 지녔지만, 공통의 한계도 분명하다. 대부분이 술집과 음식점 중심으로 형성되어 업종이 단조롭고, 상권의 수명이 짧다. 밤의 열기로 붙잡는 활력은 초기엔 강하지만, 낮의 콘텐츠가 부족해 머무는 시간이 짧고 결국 내구성이 떨어진다. 프랜차이즈 중심의 표준화는 임대료를 끌어올리고 독립 점포를 밀어내며, 거리마다 비슷한 풍경을 만든다. 어느 순간부터 '핫플레이스'라는 이름은 열기를 뜻하기보다 곧 식어갈 유행을 예고하는 말이 되었다. 그렇다고 청주의 빠른 변화를 부정적으로만 볼 필요는 없다. 이 도시는 늘 새로운 시도를 시험하는 실험실처럼 움직인다. 중요한 것은 속도의 문제가 아니라, 그 속도 안에 무엇을 쌓아 올릴 것인가다. 외식과 주류의 에너지 위에 서점, 소규모 공연, 공방, 수리점, 지역 생산자 마켓 같은 '낮의 콘텐츠'를 더해야 한다. 밤과 낮, 프랜차이즈와 로컬, 소비와 생활이 자연스럽게 맞물릴 때 상권은 순환을 넘어 축적의 단계로 나아갈 수 있다. 청주의 지도는 지금도 새로 그려지고 있다. 그러나 다음 핫플레이스는 더 오래갈 수 있다. 상권이 회복력과 편의성을 함께 갖추고, 변화와 균형이 공존할 때 청주는 '빨리 변하는 도시'가 아니라 '깊이 성숙하는 도시'로 기억될 것이다.

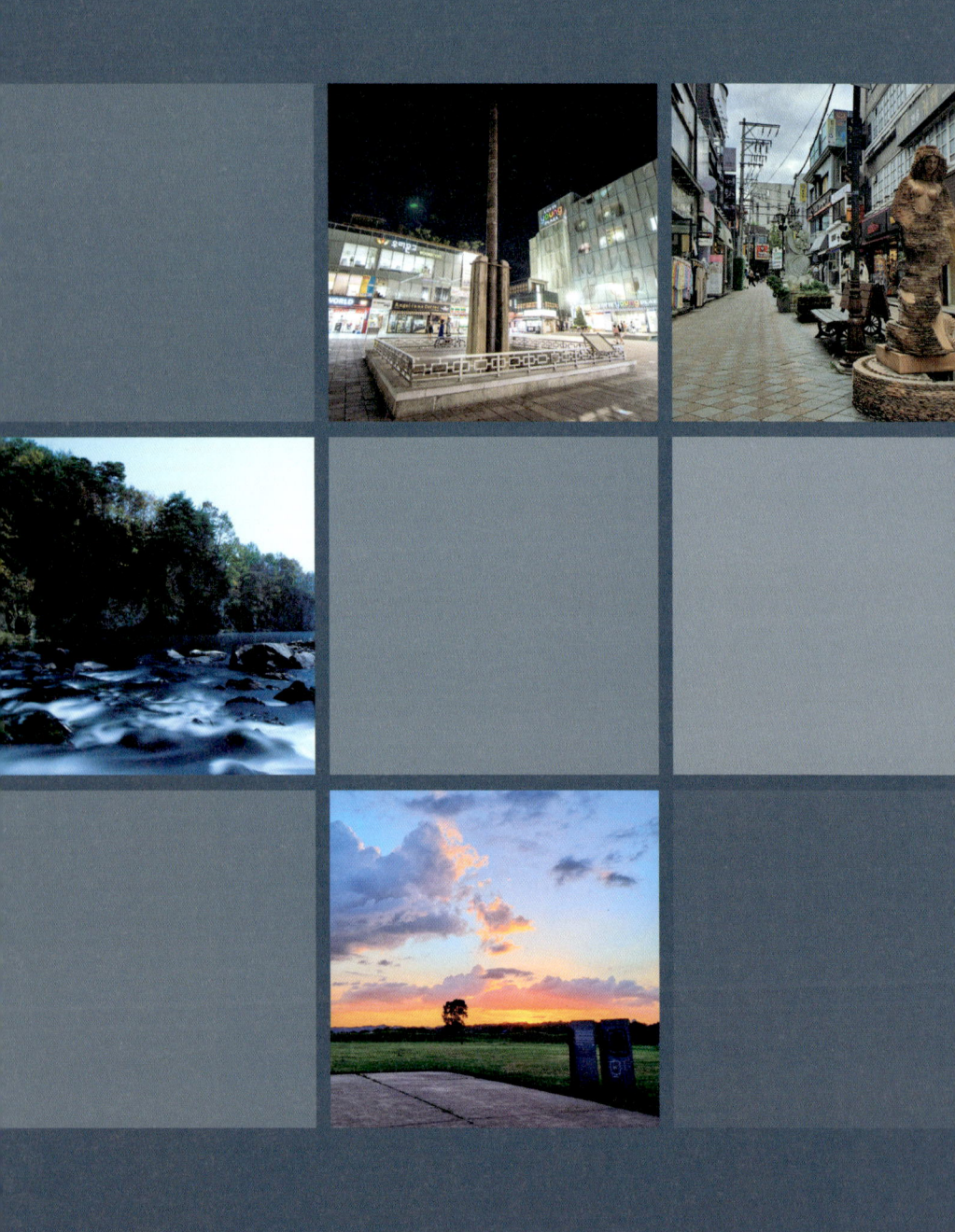

제6장

노잼도시의 역설

낡은 도심이 품은
도시의 시간

 도시는 늘 새로운 옷을 입지만, 그 속살은 쉽게 바뀌지 않는다. 청주의 도심이 바로 그런 곳이다. 이곳은 도시의 가장 오래된 기억이 쌓여 있고, 청주의 발전이 시작된 출발점이기도 하다. 겉모습은 낡았지만 그 안에는 여전히 사람들의 일상과 상업, 교통의 흐름이 살아 있다. 단순히 오래된 공간이 아니라, 시간의 흔적 속에서도 도시의 기능을 유지해 온 장소다.
 한때 청주의 중심은 용두사지 철당간 주변이었다. 고려 시대부터 세워진 청주읍성의 안쪽, 관아와 시장이 자리하던 곳이 바로 도시의 심장이었다. 사람들은 관아 앞의 돌기둥 아래에서 장을 보고, 근처의 우시장에서 소와 말을 거래했다. 해방 이후 이곳은 청주의 근대화가 시작된 무대가 되었다. 읍성 자리는 도로로 바뀌고, 남문로에는 상점과 영화관, 식당이 줄지어 들어섰다. 1970~1980년대엔 충북일보사, 충북도청, 청주시청이 모두 이 일대에 몰려 있었고, 중앙로와 성안길은 '도심'이라는 단어가 가장 먼저 떠오르는 거리였다.

용두사지 철당간

　당시의 백화점 변천사는 도심의 부침을 그대로 비춘다. 충북 최초의 근대식 백화점이 문을 열었고, 이후 새 건물이 들어서며 유행을 선도했지만, 2000년대 이후 중심 상권이 분화되면서 그 빛은 서서히 옅어졌다. 도시는 그렇게 중심을 옮기며 성장하고, 중심을 남겨두며 늙어간다.

　그러나 '낡은 도심'이라는 말에는 또 다른 가치가 숨어 있다. 이곳의 거리는 넓지 않지만, 그만큼 사람의 속도에 맞춰져 있다. 오랜 상점 간판, 세월이 묻은 골목의 모서리, 벽돌 담벼락 위의 작은 나무 한 그루는 도시가 얼마나 오래 살아왔는지를 말해준다. 새로운 신도시의 반듯한 구조와 달리 오래된 도심의 길은 계획보다 기억에 의해 만들어졌다.

성안길의 옛 모습

그 불규칙한 형태야말로 도시가 사람들의 삶의 방식에 따라 자연스럽게 자라온 흔적이다. 이곳의 작은 카페나 문구점, 오래된 분식집은 단순한 상업공간이 아니라 지역의 생활사가 쌓인 아카이브다. 낡은 도심은 효율보다 기억의 밀도가 높은 공간이며, 그 자체로서 도시의 문화유산이다.

청주의 도심은 서울의 종로처럼 거대한 상업 중심지로 팽창하지도 않았고, 대전처럼 신도심으로 행정과 업무 기능이 대거 이전한 도시도 아니다. 청주는 행정 중심이 여전히 원도심에 남아 있고, 그 주변을 따라 상업과 생활의 기능이 함께 이어진다. 대형 상권의 일부가 외곽으로 확산되었지만 도심에는 여전히 금융기관, 병원, 관공서, 학원, 변호사 사무실, 소규모 상점들이 밀집해 있다. 겉보기에는 조용해진 듯하지만 실제로는 행정과 서비스의 중심축이 여전히 이곳을 중심으로 돌아간다. 그래서 청주의 도심은 과거의 흔적을 간직한 채 여전히 도시의 실질적 중심으로 기능하고 있다.

도심의 미래는 거창한 재개발이 아니라, 그 오래된 구조 속에서 새로운 가능성을 찾아내는 데 있다. 낡은 벽돌 건물 위에 새로운 간판을 세우고, 오래된 골목에 예술가의 작업실이 들어서듯, 도시는 다시 자신의 시간을 덧입을 수 있다. 중요한 것은 '새로움'이 아니라 '연결'이다. 과거의 시간과 현재의 일상이 자연스럽게 이어질 때, 청주의 도심은 쇠퇴가 아니라 성숙의 다른 이름이 된다. 이곳의 시간은 여전히 흐르고 있다. 낮에는 상인들이 가게 문을 열고 손님을 맞이하며, 저녁이 되면 직장인들이 퇴근길에 카페와 음식점으로 모인다. 주말이면 가족 단위의 방문객과 젊은 세대가 골목을 거닐며 쇼핑을 즐긴다. 한때의 중심이었던 이곳은 이제 더 조용해졌지만, 여전히 도시의 일상이 이어지는 생활의 무대다.

성안길

청주 8경:
숨겨진 아름다움

 도시를 이해한다는 것은 풍경을 읽는 일과 같다. 산과 강, 성곽과 마을은 단순한 배경이 아니라, 도시가 스스로를 기억하는 방식이다. 청주는 내륙의 중심에 자리한 도시다. 바다의 개방감 대신, 이곳의 풍경은 산줄기와 물길을 따라 부드럽게 확장된다. 산은 도시를 감싸고, 물은 그 안에 머문다. 그래서 청주의 자연은 거대한 장관보다 조용한 깊이를 품는다. 이 도시는 빠른 변화보다 오래된 지속으로 자신을 증명해 왔다.

 이 책에서 다루는 청주 8경은 그런 지속의 표면이자, 지리학자의 시선으로 바라본 청주의 풍경이다. 행정 구역이나 관광 안내서의 기준이 아니라 도시의 지형과 기억, 그리고 사람들의 일상이 녹아 있는 장소들을 담았다. 산과 강, 숲과 길, 성과 절, 그리고 그 사이를 살아가는 사람들의 일상이 어우러져 하나의 이야기를 만든다. 청주는 그 이야기 속에서 스스로의 얼굴을 드러낸다. 도시가 자연과 시간을 어떻게 품어왔는가, 그 대답은 이 여덟 장면 속에 있다.

대청호

청남대

  청주의 남쪽 끝, 산줄기를 따라 이어진 물길이 넓은 호수로 변한다. 대청호는 청주의 지형을 다시 그린 거대한 물의 지문이다. 1980년대 대청댐이 완공되며 수몰된 마을들은 지도의 아래로 사라졌지만, 그 자리에 새롭게 생겨난 호수는 도시의 풍경을 바꾸어 놓았다. 아침이면 물안개가 산허리를 따라 피어오르고, 그 위로 청남대의 지붕이 반짝인다. 한때 대통령의 별장이었던 청남대는 지금 누구나 걸을 수 있는 시민의 정원으로 열려 있다. 호수 주변의 도로는 계절마다 다른 색으로 물들며, 수면 위의 빛은 하루의 시간에 따라 끊임없이 변한다. 대청호는 단순한 인공호수가 아니다. 청주의 생활권을 넘어 충청 내륙 전체의 물줄기를 잇는 거대한 순환의 중심이다. 산과 물, 사람의 삶이 함께 만든 이 공간에서 청주는 바다를 대신해 자기만의 수평선을 얻었다. 호수는 고요하지만, 그 고요함 속에는 도시의 깊은 호흡이 흐른다.

상당산성

상당산성 공남문

청주의 동쪽 산줄기 위에 자리한 상당산성은 도시의 기원을 품은 장소다. 신라가 닦고 고려와 조선이 이어 쌓은 성곽은 천 년이 넘는 세월 동안 청주를 지켜왔다. 산의 능선을 따라 이어지는 성벽은 단순한 방어 시설이 아니라, 도시의 구조를 처음으로 그려낸 선이다. 성문을 지나 안쪽으로 들어서면 넓은 평지가 나타난다. 옛 병영의 터, 우물과 군창의 흔적이 남아 있어 한때 이곳이 행정과 군사의 중심지였음을 알려준다. 성곽을 따라 걷다 보면 도시의 윤곽이 발아래 펼쳐진다. 새벽에는 안개가 성벽을 덮고, 해질 무렵이면 붉은 빛이 돌 사이로 스며든다. 오늘의 상당산성은 전쟁의 긴장 대신 일상의 평온을 품는다. 시민들은 주말이면 성벽길을 따라 걷고, 가족 단위의 산책객들이 오래된 돌길을 밟는다. 과거의 방어선이 이제는 도시의 휴식처가 된 셈이다. 상당산성은 청주의 시간 구조를 가장 명확히 드러내는 장소다. 이곳에서 청주는 '방어의 도시'에서 '일상의 도시'로 바뀌었다. 돌 하나, 흙 한 줌에도 세월이 스며 있고, 그 위를 걷는 사람들의 발자국이 또 다른 시간을 쌓아 올린다.

옥화 9곡

청주시 상당구 미원면 일대, 달천이 흐르는 구간에는 아홉 개의 굽이진 풍경이 이어진다. 이곳이 바로 옥화 9곡이다. 내륙 도시 청주에서 가장 입체적인 수변 경관을 볼 수 있는 곳으로, 절벽과 강, 숲과 마을이 서로의 경계를 이루며 자연스럽게 어우러진다. 청석굴은 석회암이 오랜 세월 물에 깎여 만들어진 자연 동굴이다. 내부에서는 구석기 유물이 발견되었고, 여름이면 차가운 공기가 흘러나온다.

용소

굴 앞의 용소는 깊고 둥근 소로, 짙은 물빛 때문에 '용이 머물던 자리'라는 전설이 전해진다. 천경대와 옥화대는 달천의 물길이 크게 휘도는 지점이다. 절벽 위 전망대에 서면 강이 푸른 곡선을 그리며 산허리를 돌아가는 장면이 한눈에 들어온다. 절벽 아래로는 얕은 모래톱과 소나무 숲이 이어지고, 그 위로 물안개가 낮게 흐른다. 중간 지점의 금봉과 금관숲은 바위 절벽이 가장 극적으로 드러나는 구간이다. 암벽은 석영과 사암이 뒤섞인 회색빛으로, 해가 기울면 금빛으로 변한다. 숲길에는 참나무와 소나무가 교차하고, 바람이 불면 수면 위로 나뭇잎이 흩날린다. 하류로 갈수록 강폭은 다시 좁아지고, 신선봉에서는 달천의 물줄기와 미원 들판이 함께 시야에 들어온다. 마지막 박대소는 옥화 9곡의 종점이자 가장 깊은 소로, 절벽이 병풍처럼 둘러서 있다. 물은 거의 움직이지 않을 만큼 잔잔하고, 바위의 색은 하루의 빛에 따라 청회색에서 짙은 남색으로 변한다.

천경대

옥화 9곡은 단순한 절경지가 아니라, 청주의 물길 구조를 가장 잘 보여주는 지형이다. 달천은 미원 들판을 지나며 굽이마다 절벽과 숲, 모래톱을 만들어낸다. 그 흐름이 옥화 9곡의 경관을 완성한다. 그래서 옥화 9곡은 청주의 자연을 대표할 뿐 아니라, 이 도시가 내륙에서도 물의 도시로 존재함을 보여주는 공간이다.

정북동 토성

정북동 토성

　청주시 북쪽 끝, 정북동 평야 한가운데에는 흙으로 만든 거대한 사각형 성곽이 있다. 이것이 정북동 토성이다. 이름 그대로 성곽의 중심축이 정확히 북쪽을 향한다. 사람의 손으로 쌓았지만, 그 방향은 천문과 자연의 질서를 따르고 있다. 정북동 토성은 삼국시대에 축조된 것으로 추정된다. 도성이라기보다 지역 행정과 방어를 겸한 거점으로, 발굴 결과 주거지와 토기 조각, 저장 시설의 흔적이 확인되었다. 성벽은 길이 약 640미터, 너비 560미터 규모로, 평지 위에 흙을 층층이 다져 쌓아올렸다. 석성보다 부드럽고 낮은 윤곽을 남겼지만, 그 안에는 천 년 넘는 시간의 압력이 고요히 스며 있다. 지금의 정북동 토성은 과거의 유적이면서도 시민들의 일상 공간이 되었다. 완만한 성곽 위로 산책로가 조성되어 주말이면 가족 단위 방문객이 끊이지 않는다. 봄에는 유채꽃이, 가을에는 억새가 성 안을 가득 채워 사진 명소로도 사랑받는다. 특히 노을이 질 무렵 성벽 위로 드리운 빛은 평야 전체를 붉게 물들인다. 정북동 토성은 청주의 기원을 상징하는 공간이자, 고대의 방향 감각과 오늘의 생활 감각이 만나는 자리다. 바다를 대신해 평야가, 항구를 대신해 성곽이 도시의 중심이 되었던 곳. 지금은 논과 들 사이에 고요히 남아 있지만, 이 흙담 위에는 여전히 사람들이 서서 하늘과 땅을 함께 바라본다.

미동산수목원

미동산수목원

청주시 미원면 미동산 일대, 완만한 산줄기와 계곡이 맞닿은 곳에 거대한 숲이 펼쳐져 있다. 이곳은 충청북도를 대표하는 국립수목원이자 청주가 가진 가장 아름다운 자연 경관 중 하나인 미동산수목원이다. 산 전체가 살아 있는 식물도감처럼 구성되어 있으며 1,700여 종의 식물이 계절마다 서로 다른 빛과 질감을 만든다. 봄이면 철쭉과 산벚이 능선을 따라 피어나고, 초여름에는 짙은 녹음 속에서 바람이 나뭇잎 사이를 헤집는다. 가을이면 붉은 단풍이 산등선을 따라 불길처럼 번지고, 겨울에는 눈이 덮여 숲이 고요한 흑백의 화면으로 바뀐다. 날씨와 시간에 따라 색과 명암이 달라져 하루에도 여러 번 풍경이 변한다. 이곳의 경사는 완만해 숲속 산책로를 따라 걷다 보면 자연스럽게 시선이 멀리 열리고, 능선 너머로 이어지는 숲의 파도가 한눈에 들어온다. 전망대에 오르면 미원 들판과 산 능선이 맞물리며 부드러운 파노라마를 이룬다. 안개가 깔린 이른 아침이면 숲 위로 빛이 퍼지고 해질 무렵엔 나무 그늘이 길게 늘어진다. 미동산은 계절뿐 아니라 하루의 시간까지도 경관으로 만들어낸다. 이곳은 단순한 체험학습의 장소가 아니다. 숲길마다 생태탐방로와 교육장이 이어져 있지만 그 자체로 하나의 완성된 경관이다. 나무의 껍질을 만지고 잎맥의 결을 느끼는 일조차 이곳에서는 풍경의 일부가 된다. 도시의 공원과 달리 이 숲은 인위적 설계보다 자연의 시간으로 자라난다. 주말이면 사진가들이 삼각대를 세우고, 가족 단위 방문객이 숲길을 따라 천천히 걸으며 바람 소리를 듣는다. 공기에는 흙과 나무의 향이 섞여 있고, 햇살은 나뭇잎 사이로 흩어진다. 미동산수목원은 단순히 식물을 관찰하는 곳이 아니라 도시의 일상에서 잊고 지낸 '자연의 감각'을 되찾는 장소다. 청주는 산업도시로 성장했지만 이 숲은 변하지 않았다. 오히려 그 변하지 않음이 도시의 균형을 잡아준다. 인간이 만든 구조와 자연의 질서가 함께 존재하는 도시, 그 조화로운 장면이 청주의 현재를 가장 잘 설명한다.

초정행궁

초정행궁

　청주시 북동쪽, 내수읍 초정리에 이르면 평범한 들판 사이로 맑은 샘이 솟는다. 이곳이 바로 초정약수터, 그리고 그 곁에 자리한 초정행궁이다. 조선 시대의 왕이 직접 이 약수에 몸을 담갔던, 물의 도시 청주를 상징하는 장소다. 기록에 따르면, 세종대왕은 눈병 치료를 위해 1442년 여름 이곳 초정에 머물렀다. 약수로 목욕하고 요양하며 약 네 달을 보냈다고 한다. 탄산과 철분이 풍부한 이 물은 마시면 약간의 금속 맛이 돌고, 피부에 닿으면 부드럽게 기포가 일어난다. 예로부터 '병을 고치는 물', '피로를 씻는 샘'으로 불렸던 이유다. 세종이 머물던 임시 행궁은 이후 사람들의 발길이 잦아지며 마을의 중심이 되었고, 지금은 복원된 건물이 당시의 구조를 보여준다. 마당에는 옛 약탕터와 연못, 우물이 남아 있으며 그 주위로 작은 약수장이 이어진다. 주민들은 지금도 물을 병에 담아 가고, 아이들은 약수의 기포를 신기해하며 손을 담근다. 초정은 조선 시대 이후에도 전국의 약수 명소로 알려져 근대에는 초정온천지구로 발전했다. 현재는 전통 약수장과 현대식 스파 시설이 함께 자리해 과거의 치유 공간이 오늘의 휴식지로 이어지고 있다. 초정행궁은 단순한 역사 유적이 아니라, 물과 인간이 관계를 맺어온 방식을 보여주는 공간이다. 청주의 산과 숲이 땅의 형상을 만들었다면 초정의 약수는 그 땅의 내면에서 솟아오르는 생명의 물이다. 청주는 그 물 위에서 오래된 시간과 새로운 일상을 함께 이어가고 있다.

우암산

삼일공원

청주시 시가지의 동쪽, 주택가와 맞닿은 곳에 낮고 단정한 산이 자리한다. 그 산이 우암산이다. 청주의 어디에서나 보이는 이 산은 도시의 윤곽을 그리는 선이자 사람들의 생각이 머무는 자리다. '우암'이라는 이름은 조선의 학자 송시열의 호에서 비롯되었다. 그는 말년에 이 산 아래에 머물며 제자를 가르치고 학문에 전념했다. 지금의 우암사적공원에는 그의 사당과 비각, 옛집 터가 복원되어 있으며 돌담길을 따라 걸으면 청주의 유학 전통이 어떤 뿌리에서 자라났는지 자연스레 느껴진다. 우암산은 도심과 가장 가까운 산이다. 시내 도로를 따라 걷다 보면 어느새 숲길로 이어지고, 경사가 완만해 누구나 쉽게 오를 수 있다. 봄이 되면 산자락을 따라 벚꽃이 흐드러지게 피어나 하얀 터널을 만들고, 그 아래로 시민들이 천천히 걸음을 옮긴다. 꽃잎이 흩날리는 길은 3·1공원으로 이어지고, 그 옆의 수암골 벽화마을로 올라서면 골목마다 오래된 집 담벼락 위에 색색의 그림이 펼쳐진다. 역사와 예술, 일상이 자연스럽게 한 줄기로 이어지는 곳이다. 정상에 서면 청주의 전경이 한눈에 들어온다. 북쪽에는 상당산성이 능선을 잇고, 서쪽으로는 시가지의 건물들이 물결처럼 겹쳐진다. 바람이 불면 도시의 소음이 멀어지고, 대신 새소리와 바람의 소리만 남는다. 계절에 따라 풍경의 색이 달라져 봄의 벚꽃, 여름의 짙은 녹음, 가을의 단풍, 겨울의 서리 모두가 이 산의 표정을 바꾼다. 우암산은 청주 사람들에게 단순한 산이 아니다. 학문과 절개의 상징이자 일상의 휴식처다. 도심에 가장 가까운 숲이면서도 가장 고요한 공간. 산 아래에서 도시가 살아 숨 쉬고, 산 위에서는 그 도시가 한눈에 내려다보인다. 청주의 역사가 돌과 물에 새겨져 있다면, 우암산에는 사람의 사유가 깃들어 있다. 도시를 품고 있으면서도 도시의 바깥을 생각하게 하는 산. 청주는 이 산의 품 안에서 스스로를 다듬어왔다.

보살사

청주 시가지의 남동쪽, 동남지구에서 낙가산으로 오르는 산중턱에 작은 절 하나가 자리한다. 이름은 보살사. 도심과 멀지 않지만 숲에 둘러싸여 있어, 몇 분만 걸어 오르면 도시의 소음이 금세 멀어진다. 보살사는 규모가 크지 않다. 극락보전과 마당, 단정한 석탑이 산자락의 경사에 맞춰 아담하게 놓여 있다. 경내로 들어서면 소나무와 참나무 그늘이 먼저 맞고, 바람이 지붕의 기와를 스치며 낮게 흐른다. 봄에는 벚꽃과 진달래가 경내를 밝히고, 여름에는 숲의 그늘이 깊다. 가을이면 단풍이 돌담을 따라 번지고, 겨울에는 서리가 내린 아침의 고요가 절집을 감싼다. 절 앞마당에서는 동남지구와 시가지의 능선이 시야에 들어온다. 높지 않은 산중턱이지만, 도시와 숲이 동시에 보이는 자리라 오래 서 있게 된다. 화려한 볼거리를 내세우기보다, 오래 머물수록 단정한 품이 느껴지는 곳이다.

보살사 극락보전

보살사는 청주의 불교적 전통이 오늘의 생활권과 만나는 지점에 놓여 있다. 도심에서 바로 이어지는 산길, 그 길 끝의 작은 산사. 사람들은 이곳에서 잠시 걸음을 늦추고, 산의 시간과 도시의 시간을 함께 바라본다. 절 이름이 암시하듯, 울림은 크지 않아도 마음을 가라앉히는 힘이 있다.

도시를 이해한다는 것은 지도를 읽는 일이 아니라, 풍경을 해석하는 일이다. 청주의 산과 강, 성곽과 마을은 모두 저마다의 시대와 언어로 도시를 말한다. 청주 8경은 서로 다른 모습을 지녔지만 결국 하나의 도시 안에서 이어진다. 청주는 화려하지 않다. 대신 오래 바라볼수록 깊어지는 풍경을 가지고 있다. 변화보다는 지속으로, 속도보다는 균형으로 자신을 증명해 온 도시다. 도시의 시간은 크게 변하지 않지만 그 안에는 느린 호흡이 있다. 그 호흡이 바로 청주의 생명이다. 낮은 산이 도시를 감싸고, 물길이 평야를 따라 흐르며, 사람들의 발길이 오래된 길을 되짚는다. 청주는 그렇게 자연과 사람의 기억이 겹겹이 쌓여 만들어진 도시다. 이제 도시의 풍경은 단순히 보는 것이 아니라 읽히는 것이 된다. 그 안에 담긴 시간과 흔적을 따라갈 때 우리는 비로소 도시를 이해하게 된다. 청주 8경은 그 이해의 문장들이며, 각각의 풍경이 모여 하나의 이야기로 완성된다.

내륙도시 청주의 특성과
주민의 삶

 청주는 바다를 본 적이 없는 도시다. 사방이 산으로 둘러싸인 분지 속에서 사람들은 바다 대신 강과 들을 바라보며 살아왔다. 바람은 천천히 머물고, 강물은 도심을 한 바퀴 돌며 길을 바꾼다. 청주 사람들의 기질은 그 지형을 닮았다. 급하지 않고, 격렬하지 않으며, 안쪽으로 단단하다. 사람들은 이곳의 기후를 사계절이 뚜렷하다고 말한다. 그 말 속에는 차분하고 정직한 생활의 감각이 숨어 있다. 겨울에는 무심천변이 하얗게 덮이고, 봄이 오면 버드나무가 가장 먼저 푸른빛을 띤다. 급한 변화에 휩쓸리기보다 사람과 도시는 자신만의 속도로 변하며 오늘의 청주를 이어가고 있다.
 청주는 충청 내륙의 중심에 자리한다. 동쪽의 속리산과 미원, 북쪽의 진천까지 낮은 산과 구릉이 완만히 도시를 감싼다. 바다가 없다는 사실은 단순한 결핍이 아니라 생활의 방향이 되었다. 사람들은 오래전부터 주변에서 얻은 것을 스스로 가꾸며 살았다. 들과 산, 강이 주는 것을 아껴 쓰고 남는 것은 이웃과 나누었다. 낯선 유행에

대청댐

쉽게 흔들리지 않는 이유가 여기에 있다. 청주의 오래된 장터들이 여전히 활기를 잃지 않는 것도 같은 맥락이다. 시장은 거래의 공간이기 전에 관계의 장소였다.

(좌)짜글이, (우)송어회

청주의 음식은 이 땅의 성격을 닮았다. 바다가 없는 대신 땅의 재료로 맛을 만들어왔다. 깊은 양념과 느린 불, 재료 본연의 맛을 살리는 조리법이 발달했다. 그 대표가 짜글이다. 김치와 돼지고기, 감자를 자작하게 익혀내는 이 음식은 재료의 맛을 천천히 우려내는 내륙의 방식에서 태어났다. 짜글이는 국처럼 맑지 않고 찌개처럼 무겁지도 않다. 그 사이의 맛이 청주 사람들의 감각이다. 짜글이는 과하지 않고, 단단한 성격의 음식이다. 문의와 미원 일대의 냉수성 하천에서 잡히는 송어는 내륙의 자존심 같은 존재다. 청주 사람들은 송어회를 바다의 회처럼 초장에 찍어 먹지 않는다. 송어살에 야채와 양념, 마늘, 콩가루를 더해 비벼 먹는다. 매운맛보다 고소한 향이 먼저 도는, 내륙의 회다. 청주는 또 삼겹살의 도시로 알려져 있다. 냉장 유통이 불편하던 시절, 사람들은 도축장에서 갓 나온 고기를 곧바로

구워 먹었다. 소금만 살짝 뿌린 고기를 둘러앉아 구워 먹는 단순한 식탁이 도시의 정서를 만들었다. 화려한 메뉴보다 함께 굽고 나누는 일이 중요했다. 짜글이와 송어회, 삼겹살은 지금도 청주 사람들의 일상을 대표하는 맛이다.

  청주는 닫힌 지형 속에서도 교류가 멈추지 않았다. 예로부터 영남과 호서를 잇는 길목이었고, 조선 시대에는 한양과 경상도를 오가는 역로의 중간 쉼터였다. 육거리시장과 내덕칠거리는 이런 교통의 결절점에서 생겨났다. 물류보다 사람의 이야기가 오가는 자리였다. 오늘날에도 이 도시는 순환로를 따라 확장된다. 세 개의 순환로가 도심과 외곽을 감싸며, 도시 구조는 복잡하지 않으면서도 유연하다. 청주의 길은 목적지를 향해 곧장 뻗지 않고, 완만히 돌아간다. 그 길 위에서 사람들의 생활 속도는 자연스레 조율된다. 청주 사람의 관계

대청호

대청호 공원

는 빠르게 시작되지 않는다. 한번 맺으면 오래간다. 이웃 간의 거리는 너무 가깝지도, 무례하게 멀지도 않다. 적당한 간격이 지켜지는 사회다. 그 균형이 청주의 일상을 안정시켜 왔다. 겉보기엔 무심해 보이지만 안으로 들어가면 놀라울 만큼 끈끈하다. 명절이면 읍내 시장에서 서로를 만나고, 여름이면 대청호와 미동산 숲길에서 함께 쉰다. 바쁜 일상 속에서도 같이 밥을 먹는 일은 놓치지 않는다.

서문시장 삼겹살 거리

청주의 사람들은 바다 대신 산과 강으로 향한다. 우암산과 상당산성, 미동산수목원, 대청호와 문의문화재단지. 여름이면 문의의 강가에 평상이 늘어서고, 가을이면 수목원의 은행잎이 황금빛으로 물든다. 최근에는 도시 외곽의 잔디밭 위로 대형 카페들이 들어섰다. 잔디와 유리온실, 호수 전망은 내륙 사람들이 상상해 온 바다의 풍경을 닮았다. 바람이 스치는 잔디밭에서 커피를 마시며 하루를 보내는 일은 해변 산책과 크게 다르지 않다.

이제 청주는 더 이상 느리기만 한 도시는 아니다. 오창의 반도체 산업, 오송의 바이오단지, 교통의 중심이 된 KTX 오송역이 빠르게 변화를 이끌고 있다. 그러나 사람들의 생활은 여전히 단정하다. 속도가 빨라져도 마음의 온도는 쉽게 달라지지 않는다. 출퇴근길에 무심천을 바라보며, 짜글이와 삼겹살로 하루를 마무리하는 사람들의 모습 속에는 내륙의 정직함이 남아 있다.

청주는 바다를 품지 못했지만 사람을 품었다. 넓이 대신 깊이를 택한 도시다. 청주 사람들은 자신의 삶을 천천히 익혀왔고, 그 꾸준함이 품격이 되었다. 음식은 꾸밈보다 조화를 중시했고, 그 담백함이 청주다운 맛이 되었다. 길은 완만히 이어지고, 관계는 오래 숙성된다. 바다를 향해 나아가진 않았지만, 청주는 자기 안에서 충분히 넓어졌다. 그 넓음이야말로 내륙 도시가 가질 수 있는 가장 단단한 세계다.

제7장

무심천

도시의 시작은
작은 개천에서부터

 도시는 언제나 물가에서 태어난다. 물은 인간이 가장 먼저 의지한 자원이자, 공간의 질서를 결정짓는 첫 번째 힘이었다. 인류의 문명은 늘 강의 곁에서 시작되었다. 메소포타미아 문명의 유프라테스강과 티그리스강이 그 대표적인 예다. 건조한 평야지대를 흐르는 두 강은 안정된 유량으로 비옥한 충적지를 만들었고, 그 위에서 바빌론과 우르 같은 고대도시가 태어났다. 사람들은 물을 따라 농사를 짓고 제방을 세우며 강을 통해 교역의 길을 열었다. 큰 강은 생명의 원천이자 문명의 기둥이었다.

 그러나 한반도의 하천은 조건이 달랐다. 계절풍의 영향으로 고온다습한 여름에는 비가 집중되고, 겨울에는 물이 줄어든다. 큰 강은 여름철이면 급격히 불어나 범람의 위험이 컸다. 평야는 비옥했지만 거주와 행정의 중심을 두기에는 불안정했다. 그래서 이 땅의 도시는 유량 변동이 적고 다루기 쉬운 작은 지류를 따라 형성되었다. 완만한 물길을 따라 마을이 생기고 시장과 길이 이어졌다. 청주의 무심천이 그 전형이다. 작은 물은 다루기 쉽고 예측 가능했다. 유량이 일정하니 인간의 계획이 가능했고, 그 위에 질서가 만들어졌다. 물을 따라 농토가 조성되고 다리가 놓이면서 마을이 연결되었다. 하천은 단순한 자연환경이 아니라 사회의 구조를 짜는 축이었다.

무심천

조선의 수도 한양이 그 사실을 잘 보여준다. 한양은 거대한 한강이 아니라 그 지류인 청계천을 중심으로 설계되었다. 태조 이성계가 이곳을 도읍지로 정한 이유는 '산수의 형국이 조화롭고 물길이 고르다'는 점이었다. 청계천은 한강보다 다루기 쉬웠다. 범람의 위험이 적고 도심의 생활용수와 배수, 세공과 시장 운영까지 감당할 수 있었다. 수로를 따라 관청이 들어서고 시장이 열렸으며, 다리는 사람과 사람을 잇는 통로가 되었다. 물길은 행정의 중심이자 도시의 일상이 순환하는 무대였다.

청계천

　부산의 시작도 낙동강이 아닌 수영강과 온천천에서 비롯되었다. 낙동강 하류는 강폭이 넓고 퇴적이 잦아 정착하기 불안했지만 수영강은 바다와 맞닿은 지점에서 완만하게 굽이치며 해안과 내륙을 잇는 완충 공간을 만들었다. 그 곡류를 따라 포구와 어시장이 생겼고 마을과 항로가 형성되었다. 대구의 신천도 낙동강의 범람원을 피해 조성된 도심 하천으로 지금까지도 교통과 생활의 중심 역할을 이어가고 있다. 전주의 전주천은 읍성의 남쪽을 감싸며 도시의 윤곽을 만들었고, 광주의 광천은 산과 평야를 잇는 수로로서 상권의 축이 되었다. 한국의 주요 도시는 대부분 '큰 강의 위압감'이 아니라 '잔잔한 물길의 안정성' 위에서 자라났다. 하천은 단순한 경관이 아니라 도시의 골격이 되었고 사람과 시장, 길이 자연스럽게 맞물렸다. 물길은 자연이 새긴 자취 위에 인간이 생활의 질서를 그려 넣은 공간이었다.

낙동강 하굿둑

청주의 무심천은 이러한 도시의 원리를 가장 잘 보여준다. 가덕면 내암리 뫼세미골 일대에서 시작한 물줄기가 청주의 분지를 가로질러 미호강으로 흘러들며 중심의 축을 만든다. 강폭은 넓지 않고 유속은 완만하며 주변은 평탄한 저지대다. 이 온순한 물길 덕분에 청주는 안정된 내륙 도시로 성장할 수 있었다. 무심천은 단순히 도시를 통과하는 하천이 아니라 청주의 공간 구조를 처음 그린 물길이었다. 청주읍성은 무심천변의 완만한 구릉 위에 세워졌다. 물의 범람을 피하면서도 생활과 교통에 가까운 지점이었다. 남문로와 성안길의 거리 체계 또한 하천이 만든 자연 경계를 따라 자리 잡았다. 무심천은 청주의 옛 도심을 동서로 나누었고 다리는 두 지역의 생활권을 이어주는 상징이 되었다.

무심천 발원지

조선시대의 기록에는 무심천 주변에 관아와 시장, 나루터가 있었다는 내용이 자주 등장한다. 봄이면 물가에서 길쌈과 세탁이 이루어졌고, 여름이면 아이들이 물장구를 치며 놀았다. 가뭄이 들면 하천가에서 기우제를 지냈고, 제방 보수를 위해 주민들이 모였다. 물은 행정과 생활, 의례와 신앙이 함께 얽힌 도시의 무대였다. 근대 이후에도 무심천은 도시의 방향을 정했다. 일제강점기에는 청주역과 성안길, 남문로를 잇는 도로망이 하천선을 따라 계획되었고 철도교와 도로교가 차례로 놓였다. 청주의 도심이 남쪽으로 확장될 때마다 무심천은 그 경계를 따라 새 길을 내주었다. 작은 물길이 도시의 변화를 인도한 셈이다.

무심천 하상도로

무심천은 청주가 '분지의 도시'임을 보여주는 중심선이다. 사방이 산으로 둘러싸인 평야 한가운데를 흐르는 얕은 물길은 도시의 공간을 부드럽게 나누며 방향을 정했다. 물은 경계가 아니라 질서였다. 안정된 하천이 있었기에 청주는 예측 가능한 도시로 성장할 수 있었다. 하천을 따라 길이 놓이고 다리가 생기며 사람들의 동선이 이어졌다. 무심천은 도시를 가르는 선이 아니라 연결의 축이 되었다. 천변에는 시장이 들어서고 사람들은 물길을 따라 장을 보러 다니거나 나루를 건넜다. 하천은 자연스럽게 생활과 교류의 무대가 되었다.

산업화의 물결이 전국의 강을 덮던 시절, 청주는 무심천의 자리를 남겨두었다. 다른 도시들이 하천을 복개할 때 청주는 그 물길을 따라 도시를 넓혀갔다. 1980년대 이후 무심천은 정비 과정을 거치며 시민공원으로 바뀌었고, 산책로와 자전거길이 이어졌다. 거센 개발의 흐름 속에서도 청주는 물과의 거리를 지키며 도시를 키워온 셈이다. 오늘의 무심천은 더 이상 도시계획의 기준이 아니라 사람들의 일상을 이어주는 공간이 되었다. 계절마다 물빛이 달라지고 버드나무는 해마다 같은 자리에 잎을 틔운다. 사람들은 다리를 건너 출근하고 저녁이면 강변을 걸으며 하루를 정리한다. 이곳에서 하천은 풍경이 아니라 삶의 일부다.

지리적으로 보아도 청주의 하천 구조는 내륙 도시의 이상형에 가깝다. 유역이 작고 유량이 일정하며 하상이 평탄하다. 여기에 밀도 낮은 도시 구조가 더해지면서 청주는 오랜 세월 '홍수의 도시'가 아닌 '지속 가능한 분지 도시'로 남았다. 도심을 가로지르는 물이 도시의 일상과 자연스럽게 어우러지는 곳, 그것이 청주다. 도시의 생명은 결국 물의 흐름을 닮는다. 거대한 강이 마르면 항구가 멈추지만, 작은 개천이 마르면 도시의 호흡이 멈춘다. 청주는 지금도 무심천의 물길을 따라 자란다. 다리 위를 오가는 교통과 강변의 산책로, 수변의 카페와 문화 공간까지 이 도시는 여전히 물의 방향을 따라 살아간다. 무심천은 청주의 과거이자 현재이며 앞으로의 도시 구조를 규정할 기준선이다.

그래서 청주의 성장은 요란하지 않다. 그러나 오래간다. 큰 강의 도시가 요동칠 때, 작은 물의 도시는 묵묵히 자리를 지킨다. 청주의 도심이 그 증거다. 무심천은 도시가 자연과 타협하며 살아온 방식이며, 인간이 물과 함께 쌓아온 시간의 기록이다. 도시의 시간은 흐르지만, 그 중심의 물은 여전히 잔잔하다.

무심천이 품고 있는
시민의 시간

   도시의 생명은 물에서 시작된다. 산이 도시의 형태를 정한다면, 물은 그 방향을 결정한다. 무심천은 청주의 중심을 관통하면서도 그 존재를 드러내지 않는다. 이름 그대로 무심하게 흘러왔지만, 그 물길이 도시의 형태를 만들고 사람들의 일상을 이어왔다. 청주는 바다를 알지 못한 도시다. 사방이 산으로 둘러싸인 분지 속에서 물의 흐름이 도시의 삶을 지탱해 왔다. 평야의 낮은 지대와 우암산이 만든 경계 사이를 흐르는 무심천은 청주의 지리적 구조를 형성한 근간이었다. 도심의 주요 도로망이 남북으로 길게 뻗은 것도, 하천이 만든 완만한 저지대를 따라 주거지와 시장이 형성되었기 때문이다.

   강의 곡선이 도시의 윤곽을 그렸고, 물의 폭과 방향이 도시의 성장방향을 제시했다. 신라의 서원경이 오늘날 상당구 일대에 자리 잡은 것도, 고려시대 청주목의 읍성이 하천 가까이에 세워진 것도 모두 이 물길과 닿아 있다. 하천은 교통로이자 농업의 생명선이었다. 무심천 주변에는 일찍부터 취락이 형성되었고, 조선 후기까지도 관아와 시장, 농경지가 공존했다. 청주의 초기 도심이 성안동에서 남북쪽으로 확장된 것도 물의 방향을 따라 움직인 결과였다.

도심을 따라 흐르는 무심천

 근대 이후 무심천은 산업화의 그늘 속에서 한때 도시의 뒷면이 되었다. 1960~1980년대 도시화의 물결이 밀려오자 하천은 배수와 폐수의 통로로 전락했고, 제방은 여름철이면 제방이 자주 붕괴 위기에 놓였다. 공장과 주택이 무질서하게 들어서며 시민들에게 무심천은 '지나치는 곳'이 되었다. 도시는 강을 등지고 확장했고, 하천은 도심의 경계선이자 잊힌 공간으로 남았다. 그러나 도시의 기억은 물처럼 완전히 사라지지 않는다. 1990년대 후반 정비사업을 계기로 제방이 다듬어지고 산책로가 조성되면서 사람들은 다시 강으로 향했다. 2000년대 들어 하천 양안에 벚나무가 심어졌고, 봄이면 길게 이어진 벚꽃터널이 도시의 대표 풍경이 되었다. 그 아래를 걷는 발자국이 쌓이면서 무심천은 다시 청주의 중심으로 돌아왔다.

무심천 벚꽃

사직동에서 석교동에 이르는 약 3km 구간의 벚꽃길은 봄철 무심천을 대표하는 장면이다. 강을 따라 이어진 산책로 양옆으로 벚나무 1,400여 그루가 줄지어 서 있고, 매년 4월이면 분홍빛 터널이 완성된다. 바람이 불면 분홍빛 꽃잎이 흩날리고, 그 사이로 자전거와 유모차가 한가롭게 오간다. 시민과 관광객이 가장 많이 찾는 구간으로 낮에는 강물 위로 떨어지는 꽃잎이 햇살에 반짝이고, 밤에는 가로등 불빛이 벚나무 가지 사이로 스며든다. 이 벚꽃길은 단순한 봄의 명소가 아니다. 주말이면 가족과 연인이 찾고 평일 저녁에는 퇴근길 시민들이 조깅과 산책을 즐긴다. 꽃이 진 뒤에도 이 길은 여전히 사람들의 발걸음으로 이어진다. 무심천의 산책로는 축제의 무대가 아니라 사계절 내내 시민의 하루가 스쳐가는 생활로다. 봄이 지나고 나면 강변은 다시 조용해진다. 그러나 그 길을 걷던 사람들의 기억은 다음 해 벚꽃과 함께 되살아난다. 강을 스치는 바람은 늘 비슷하지만, 그 바람을 맞는 사람들의 얼굴은 해마다 달라져 있다. 그래서 이 길은 단순한 풍경이 아니라 도시가 해마다 새롭게 봄을 맞이하는 방식이다. 꽃은 잠시 머물지만 그 길 위의 시간은 오래 남는다.

무심천 인라인스케이트장

벚꽃길을 따라 북쪽으로 걸으면 청주체육공원이 나타난다. 도심 한가운데 이처럼 넓은 운동 공간이 자리한 것은 청주의 지형이 만들어낸 여유 덕분이다. 강변의 평지 위에 축구장, 농구장, 배드민턴장, 게이트볼장, 인라인스케이트장이 조성되어 있다. 주말이면 가족 단위 이용객이 모여들고, 저녁이면 동호인들이 조명을 켜고 경기를 이어간다. 인라인스케이트장은 청주 시민의 대표적 여가 공간이다. 아이들은 부모와 함께 속도를 배우고, 젊은 세대는 강변을 따라 질주하며 도시의 바람을 느낀다. 이곳은 단순한 체육시설이 아니라 도시의 '생활 무대'다. 하천이 만든 여백 위에서 사람들은 함께 걷고, 함께 머무는 법을 배운다. 무심천이 청주의 체육공원을 품고 있다는 사실은 도시가 기능의 효율보다 삶의 균형을 택했다는 증거이기도 하다.

용화사 대웅전

청주대교 남쪽 용화사 일대는 무심천이 가장 잔잔하게 흐르는 구간이다. 통일신라 말기에 창건된 것으로 전해지는 용화사는 오랜 세월 굽이진 하천 언덕을 지켜왔다. '용화(龍華)'라는 이름은 미륵의 세상을 상징하는 불교적 이상에서 비롯되었다. 사찰 앞 산책길에는 봄의 벚꽃, 여름의 버드나무, 가을의 코스모스가 이어지고, 해질 무렵이면 강 위로 낮은 안개가 피어난다. 버드나무 가지 사이로 비치는 노을빛은 물 위에서 금빛으로 부서지고, 자전거 불빛들이 그 위를 지난다. 시가지의 중심에서 이토록 고요한 장면을 만날 수 있다는 사실은 청주의 도시 구조가 얼마나 자연과 가깝게 짜여 있는지를 보여준다. 용화사와 그 주변 꽃길은 종교와 자연, 일상이 하나로 이어지는 청주의 풍경이다. 이곳에서 강은 배경이 아니라 신앙과 명상의 공간, 시민의 쉼터로 존재한다.

무심천은 도시를 나누는 경계선이 아니라, 서로 다른 시대를 잇는 연결선이다. 강을 사이에 두고 마주 선 동쪽의 오래된 골목과 서쪽의 신흥 아파트 단지는 서로 다른 세대의 삶을 품고 있지만, 매일 아침과 저녁 이 다리 위에서 교차한다. 출근길에는 시장으로 향하는 노인의 걸음과 직장으로 향하는 청년의 발걸음이 엇갈리고, 퇴근 무렵이면 자전거와 유모차, 운동복 차림의 시민들이 같은 하늘빛 아래를 건넌다. 흥덕대교와 청남교, 청주대교 같은 다리들은 단순한 교통시설이 아니라, 시대와 세대를 이어주는 도시의 통로다. 무심천은 도심과 교외, 과거와 현재를 잇는 도시의 실핏줄처럼 흐르며 청주의 일상을 하나로 묶는다. 중심이 옮겨져도 그 연결은 끊어지지 않는다. 이 강이야말로 청주의 변화를 가장 조용히 이어온 길이다.

 무심천을 따라 이어지는 자전거길은 청주의 생활 동선과 가장 깊게 닿아 있다. 남쪽 문의 방면에서 북쪽 미호천까지 약 20km에 이르는 코스는 전국에서도 손꼽히는 도심형 자전거길이다. 강의 흐름을 따라 달리면 청주의 지형과 도시 구조가 한눈에 들어온다. 곳곳에 작은 정자와 쉼터, 벤치가 놓여 있고, 나무 그늘 아래엔 독서하거나 커피를 마시는 시민들이 있다. 출근길에는 자전거를 탄 직장인이, 저녁에는 산책하는 부부와 아이들이 같은 길을 공유한다. 무심천 자전거길은 '이동의 통로'를 넘어 '머무는 길'로 변했다. 여기서 도시는 속도와 여유, 기능과 감성이 동시에 존재하는 균형을 이룬다. 강의 흐름은 도시의 시간을 나누지 않고, 사람들의 하루를 하나로 묶는다.

무심천 코스모스 꽃길

 무심천은 청주의 가장 오래된 중심이자 가장 새로운 공간이다. 산업화의 시기에는 잊혔던 강이 이제는 도시의 상징이 되었고, 시민들은 이 물가에서 계절과 시간을 공유한다. 강은 도로보다 먼저 도시를 만들었고, 사람보다 오래 청주의 변화를 지켜보았다. 봄의 벚꽃, 여름의 물소리, 가을의 억새, 겨울의 얼음 위 새들의 발자국까지. 무심천은 사계절마다 다른 표정을 보여주며 도시의 일상을 감싼다. 물은 무심히 흘러가지만 그 위에 쌓인 시간은 결코 가볍지 않다. 청주의 정체성은 결국 이 강의 속도와 닮아 있다. 화려하지 않지만 꾸준하고, 조용하지만 멈추지 않는다. 도시가 변해도 무심천은 변하지 않는다. 청주의 내일도 이 물길을 따라 흘러갈 것이다.

무심천 자전거도로

참고 문헌

강인철 외(2018) 『도시의 이해』. 법문사.
국토교통부(2021) 『국가하천 기본계획(무심천·미호강권)』. 국토교통부.
국토연구원(2016) 『도농통합시의 공간구조와 발전전략』. 국토연구원.
국토연구원(2019) 『도시재생의 이론과 실제』. 한울.
국토연구원(2022) 『대한민국 도시공간 구조 변화 보고서』. 국토연구원.
국토지리정보원(2023) 『대한민국 지명유래집』. 국토지리정보원.
김경현(2020) 『하천이 만든 도시의 구조』. 푸른길.
김두규(2012) 『우리 땅 이름의 유래』. 푸른길.
김시덕(2020) 『서울 선언: 도시의 문명사적 이해』. 열린책들.
김정신(2018) 『도시지리학』. 법문사.
김진유(2015) 『도시공간의 형성과 변화』. 집문당.
김형국(2011) 『한국 도시의 역사와 구조』. 푸른길.
문화체육관광부·한국관광공사(2023) 『대한민국 구석구석─청주편』. 문화체육관광부.
박경렬(2008) 『한국 도시의 지명과 역사』. 집문당.
박은경(2019) 「도농통합시 청주의 공간변화 분석」. 『도시행정학보』 제32권 2호.
박인권(2015) 『도시와 공간의 인문학』. 푸른길.
박희권(2007) 『한국지명의 뿌리』. 대원사.
서원대학교 산학협력단(2021) 『청주시 도시재생 전략계획』. 청주시.
손정목(2003) 『한국 도시계획사』. 보성각.
신용하(2005) 『한국의 도시사회사』. 지식산업사.
이규목(2022) 「무심천 유역의 도시공간 형성과 변화」. 『지리학연구』 제58권 3호.
이기원(2019) 『한국 도시지리의 이해』. 법문사.
이명훈(2022) 「청주시 대형카페 입지 특성 분석」. 『한국도시지리학회지』 제25권 1호.
이중환(1751/2013) 『택리지』(신서원 역주본). 신서원.
이중환(2021) 『택리지』. 을유문화사.
임석재(2013) 『도시건축의 언어』. 북하우스.
장세훈(2020) 『도시공간의 사회지리』. 푸른길.
정태헌(2018) 『청주의 역사와 문화』. 청주시사편찬위원회.
정해일(2018) 『한국의 하천과 도시』. 지오북.

조명래(2009)『한국 도시의 사회지리』. 한울.
조명래(2014)『도시와 공간의 사회학』. 한울.
청주시(2014)『청주시 지명유래집』. 청주시청.
청주시 도시정책과(2020)『2035 청주 도시기본계획』. 청주시청.
청주시 도시재생지원센터(2022)『청주 도시재생백서 2014-2021』. 청주시.
청주시사편찬위원회(2015)『청주시사』(전5권). 청주시.
청주문화산업진흥재단(2021)『청주 문화도시 비전보고서』. 청주문화산업진흥재단.
청주시청(2022)『청주시 도시기본계획(2040)』. 청주시청.
충북상공회의소(2022)『청주 상권분석 보고서』. 충북상공회의소.
충북연구원(2021)『청주권 광역도시권 발전계획』. 충북연구원.
충북연구원(2021)『청주시 도시성장 분석 및 공간구조 재편 방안』. 충북연구원.
충청북도(2017)『충북의 지명유래』. 충청북도.
한병철(2012)『피로사회』. 문학과지성사.
한치윤(1972)『해동역사』. 민족문화추진회(원저 18세기).
허수열(2015)『한국 근현대 도시발달사』. 나남.
LH 도시재생사업단(2021)『도시재생의 이해와 사례』. 한국토지주택공사.

📍 도판 출처

1장
블루체어, ⓒ신희수
인문아카이브 양림 & 후마니타스, ⓒ신희수
인문아카이브 양림 & 후마니타스 중정, ⓒ신희수
공간 수국정원, 카페 공간 인스타그램
블루체어, ⓒ신희수
블루체어 잔디밭에서 비눗방울 놀이를 하는 아기, ⓒ신희수
트리브링, ⓒ신희수
트리브링 인공정원, ⓒ신희수
에클로그 목공 체험장, ⓒ신희수
그래시힐 물놀이 공간, ⓒ신희수
이안테라스 잔디밭, ⓒ신희수
홍국쌀식빵, 포이드캐롯 제공
그래시힐, ⓒ신희수
청주 대형 카페 지도, ⓒ신희수
에클로그, ⓒ신희수
그래시힐 동물 체험장, ⓒ신희수

2장
산경도, ⓒ신희수
전통적인 지역 구분, ⓒ신희수
금강하구 철새 도래지, 충청남도 서천군, 2025
제천 의림지, 류금열(Wikimedia commoms)
충청북도 지도, Dmthoth(Wikimedia commoms)
영남대로, ⓒ신희수
시오야끼 1, ⓒ신희수
시오야끼 2, ⓒ신희수
삼겹살 거리, ⓒ신희수
택리지, Sulamader724(Wikimedia commoms)
청주 문의향교, 국가유산청, 2015
청주 신항서원, 국가유산청, 2015

3장

청주 흥덕사지, 국가유산청, 2015
고인쇄박물관, 세종학당재단, 2024
청주 흥덕사지 청동북, 국가유산청, 2015
고인쇄박물관 내부 1, 세종학당재단, 2024
고인쇄박물관 내부 2, 세종학당재단, 2024
신봉동 고분군 1호석실 발굴 모습, 한국학중앙연구원, 연도미상
신봉동 고분군 출토 소호, 국가유산청, 2015
충청도병마절도사영문, 국가유산청, 2015
충청북도청의 과거, Unknown author(Wikimedia commoms)
충청북도청의 현재, hyolee2(Wikimedia commoms)
상당산성, Hutch1225(Wikimedia commoms)
상당산성 서남암문, Gcd822(Wikimedia commoms)
청원군 행정구역도, ⓒ신희수
청원군 지도, Dmthoth(Wikimedia commoms)
오창 다목적방사광가속기 조감도, 한국기초과학지원연구원, 2021
소로리 볍씨 조형물, ⓒ신희수
토탄층에서 발견된 소로리 볍씨, 한국선사문화연구원, 1998
수곡동 매봉터널, 청주시청, 2025
청주 가경동 유적지, 국가유산청, 2015
송시열 생가, 문화재청(Wikimedia commoms)

4장

가로수길, ⓒ신희수
플라타너스, Zerocool.marko(Wikimedia commoms)
훼손된 보도블록, ⓒ신희수
청주읍성도, 청주시청(www.cheongju.go.kr)
청주시외버스터미널, Minseong Kim(Wikimedia commoms)
버제스의 동심원 이론, ⓒ신희수
제2순환로, ⓒ신희수
해리스와 울만의 다핵심 이론, ⓒ신희수
제3순환로, ⓒ신희수
청주 외곽순환로 지도, ⓒ신희수
청주국제공항, ⓒ신희수
오송역, ⓒ신희수
간선도로를 따라 입지한 아울렛 매장, ⓒ신희수
내덕칠거리, 국토지리정보원

육거리시장, 청주시청(www.cheongju.go.kr)
말뫼 Bo01 지구, Adbar(Wikimedia commoms)
말뫼 Varvsstaden 지구, Maria Eklind(Wikimedia commoms)
성수동, CartoonChess(Wikimedia commoms)
창신동 이음피음 봉제역사관, 오모군(Wikimedia commoms)
연초제조창, 남경훈(Wikimedia commoms)
문화제조창, 대한민국역사박물관, 2019

5장
부산 달동네 168계단, 한국관광공사, 2020
부산 168계단 모노레일, 부산광역시, 2020
감천문화마을, 부산광역시 사하구, 2024
수암골 벽화마을 1, ⓒ신희수
수암골 벽화마을 2, ⓒ신희수
수암골 벽화마을 3, ⓒ신희수
수암골 치즈빙수, ⓒ신희수
성안길, 성안길상점가상인회(www.seongangil.co.kr)
성안길 원도심골목길축제 성안 이즈백 1, 성안길상점가상인회(www.seongangil.co.kr)
성안길 원도심골목길축제 성안 이즈백 2, 성안길상점가상인회(www.seongangil.co.kr)
수암골에서 내려다본 청주시 전경, Minseong Kim(Wikimedia commoms)
운천동 출토 동종, 한국학중앙연구원
산남동, ⓒ신희수
동남지구, ⓒ신희수

6장
용두사지 철당간, 성안길상점가상인회(www.seongangil.co.kr)
성안길의 옛 모습 1, 성안길상점가상인회(www.seongangil.co.kr)
성안길의 옛 모습 2, 성안길상점가상인회(www.seongangil.co.kr)
성안길의 옛 모습 3, 성안길상점가상인회(www.seongangil.co.kr)
성안길, 성안길상점가상인회(www.seongangil.co.kr)
청남대, 청주시청(www.cheongju.go.kr)
상당산성 공남문, 국가유산청, 2015
용소, 청주시청(www.cheongju.go.kr)
천경대, 청주시청(www.cheongju.go.kr)
정북동 토성, MINJI JEONG(Wikimedia commoms)
미동산수목원, ⓒ신희수
초정행궁, 청주시청(www.cheongju.go.kr)

삼일공원, 대한민국역사박물관, 2017
보살사 극락보전, 국가유산청(Wikimedia commoms)
대청호, travel orlented(Wikimedia commoms)
대청댐, ⓒ신희수
짜글이, ⓒ신희수
송어회, ⓒ신희수
대청호 공원, ⓒ신희수
서문시장 삼겹살 거리, 청주시청(www.cheongju.go.kr)

7장 무심천, Neoalpha(Wikimedia commoms)
청계천, 한국학중앙연구원
낙동강 하굿둑, 부산광역시 사하구
무심천 발원지, 청주시청(www.cheongju.go.kr)
무심천 하상도로, 역장(Wikimedia commoms)
도심을 따라 흐르는 무심천, 청주시청(www.cheongju.go.kr)
무심천 벚꽃, ⓒ신희수
무심천 인라인스케이트장, 청주시청(www.cheongju.go.kr)
용화사 대웅전, 청주시청(www.cheongju.go.kr)
무심천 자전거도로, 청주시청(www.cheongju.go.kr)
무심천 코스모스 꽃길, 청주시청(www.cheongju.go.kr)